NF文庫
ノンフィクション

戦場における小失敗の研究

勝ち残るための究極の教訓

三野正洋

はじめに

ここ数年、我が国においては〝失敗学〟の研究が広く行なわれるようになっている。

もちろん、それまでもいろいろな失敗を反省、分析し、再び同じ誤り、過《あやま》ちを繰り返さないために努力してきたわけだが、その一方で失敗の研究を学問の位置にまで引き上げることはなかった。

やはりこれだけ〝失敗及び失敗学〟に社会の関心が集まったのは、日本の国民のすべてが自分たちで構成している社会に対し、自信を失ったためであろう。

失敗を分析することは、前述のごとくそれを繰り返さないためであるのは当然として、さらに失った自信を取り戻すことにも直結する。

この事実もあって、人々は〝失敗学〟を真剣に学びはじめたのである。

その証拠のひとつとして、『日本失敗学学会』も大学教授らを中心とする知識層によって設立されている。

多くの読者がすでにご存知のごとく、かく言う筆者も、『日本軍の小失敗の研究』（一九九五年　光人社刊）

を著《あらわ》し、好評を持って世に受け入れられた。

これは四年の間に、九刷（八回増刷されること）を記録している。

さらにこの小失敗の研究はシリーズ化され、

『続・日本軍の小失敗の研究』

『ドイツ軍の小失敗の研究』

『連合軍の小失敗の研究』

と続々と刊行された。

この点からは、現在の失敗の研究の〝魁《さきがけ》〟としての自負もある。

しかし、これらのシリーズに取り上げた事例は、その書名から第二次世界大戦中の出来事に限定せざるを得なかった。

戦争・紛争を振り返れば、第二次大戦はもちろんのこと、現在においても失敗の例は数限りなく存在する。

それどころか、戦後ならびに現代の戦争にあっても目的を達成できず、犠牲、損害が予想をはるかに上まったことさえ、決して珍しくはない。

このような見方に立つと、先の小失敗シリーズでは、戦争における失敗例を充分に分析するに至っていない事実が明白となる。

もうひとつ、新たに執筆に踏み切った理由は、先の小失敗シリーズをお読みになった方々から寄せられた多くの手紙である。

これらもまた、

○まだまだ言及、分析していない失敗があるのではないか
○太平洋戦争ばかりではなく、現代の戦争に関しても、同じ形の分析を試みるべきなのではないか

との示唆、指摘に表われていた。

このふたつの点から、半年ほど期間を費やし再び筆をとることになった。

一例として二〇〇三年五月に終わったはずの、いわゆるイラク戦争も、その後は混沌とした状況が続いている。

当時において、世界の人々の誰れもが

『あの戦争は、アメリカの完全勝利に終わった』

と確信したに違いない。

しかし本当の戦争は、華々しい大規模戦闘が終了したあとからやってきたのである。

これこそ戦略的な失敗でなくて、なんと呼ぶべきであろうか。

少々飛躍するが、我々の人生もまた歴史の展開と似たところがある。

成功と失敗はまさに紙一重であり、その反面、先の失敗を学ばぬ者は再びそれを繰り返す。

この状況から、「戦場における小失敗の研究」と題する拙文が、ほんのわずかでもそれぞれの人生にいくつかの重要な教訓をもたらすことが出来れば、筆者の意図するところは充分に報いられるのである。

戦場における小失敗の研究——目次

戦場における小失敗の研究

――勝ち残るための究極の教訓

英語で日記を書く大学生の国際観

關戸冬彦・西原貴之　著

〝リヴァイアサン〟の孤独な最期

ドイツ海軍が世界に誇っていた主力艦ビスマルクとシャルンホルストは、なぜ僚艦または護衛艦と分かれ、単艦で悲壮な戦いに臨まなければならなかったのか——二大海戦の敗因をさぐる！

最大・最強〝鋼鉄の城〟

存在することの必然性に対する議論は別として、兵器というものはある種の魅力に満ち満ちている。

戦争の道具でしかないのは重々承知しているのだが、それが秘めている力を知っているだけに、強烈な魅力が言わずとも見る者を引きつけるのである。

この代表的な兵器が、今では世界に一隻も存在しなくなってしまった戦艦であろう。

排水量（いわゆる重さである）実に数万トン、全長は二五〇メートル前後、いってみれば海上を動く鋼鉄の城である。

ともかく、
鎧《よろい》としては四〇センチ厚の鉄板
槍としては口径四〇センチの巨砲
足としては三〇ノット（五五キロ／時）の速力
を有し、

これに三〇〇〇名の男たちが乗組み、大海原を縦横に駆ける。

その鋭く切り立ったナイフのような艦首は、数メートルの高波も軽々と裁《た》ち割っていく。

なかでも、一九三〇年代の終わりから続々と誕生した、いわゆる〝新戦艦〟と呼ばれる戦艦は、人類が誕生させた最大、最強の兵器であった。

それだけにこの新戦艦を保有することのできた国と隻数は、

アメリカ　一二隻（一〇隻プラス二隻）
イギリス　五隻
日本　二隻
ドイツ　四隻（二隻プラス二隻）
フランス　四隻（二隻プラス二隻）
イタリア　三隻

と、合わせて三〇隻にすぎない。

このうち「プラス二隻」としたのは、高速ではあるが防御力を大幅に減らした巡洋戦艦（バトル・クルーザー）を意味している。

したがって正確を期するなら新戦艦三〇隻を、戦艦二四隻・巡洋戦艦六隻とするべきかも知れない。

さて、このうちフランス・イタリア海軍の戦艦群は――第一次世界大戦のさいと同様に――ほとんど戦闘に参加しないままに終わる。

なかにはイタリアのローマ、フランスのジャン・バールのように敵の攻撃によって沈没、大破したものもあるにはあるが、激戦を交えたといった状況とはほど遠い。

勇戦奮闘の末、大海神ポセイドンの導きによって海底深く姿を消していったのは、ドイツ、日本、イギリスの新戦艦のみであった。

このなかから、「〝戦場〟における小失敗の研究」の最初の事例として、ドイツ海軍の二隻の強力な戦艦の最期を取り上げる。

なぜならドイツ海軍を代表する、戦艦ビスマルク、巡洋戦艦シャルンホルストのどちらも、孤艦のままに、敵艦隊の集中攻撃を受けて撃沈されるといった、悲惨きわまりない状況の中で失われているからである。

理解し難い分離行動

○戦艦ビスマルク

一九四一年の春、重巡洋艦プリンツ・オイゲンを従えて北大西洋に出撃した戦艦ビスマルクは、疑いもなくこの時点では世界最強の軍艦といえた。排水量は四万トンを大きく上まわり、強力な一五インチ砲八門を備え、速力は三〇ノットに達している。

当時にあって、アメリカ海軍のアイオワ級、日本海軍の大和級は就役していなかったから、一隻でこのビスマルクに太刀打ちできる戦艦は世界に存在しなかった。

このため出撃を察知したイギリス海軍は、巡洋戦艦フッド、戦艦プリンス・オブ・ウェールズ(POW)の二隻を持ってこれを撃破しようと試みる。

主砲の口径、数からいえば、

▽イギリス側――一五インチ砲八門、一四インチ砲一〇門

▽ドイツ側――一五インチ砲八門、八インチ砲八門

と、前者が圧倒的に有利と思われたが、いったん戦闘が開始されてみると、ドイツ側の砲撃精度は恐ろしいまでに正確であった。

ビスマルクとほぼ同じ大きさの巡戦フッドは、短時間に直撃弾を受け爆発沈没し、一四〇〇名を超す乗組員のうち、救助されたのはわずか三名のみ。

続いてPOWにも次々と砲弾が命中して中破、戦場からの離脱を余儀なくされてしまった。

戦艦プラス巡戦　対　戦艦プラス重巡それぞれ一隻

という本格的な砲戦において、イギリスの二隻はビスマルク一隻に叩きのめされたのである。これを第一合戦と呼ぶ。

竣工当時、世界最大、最強と謳われた戦艦ビスマルク

ビスマルク恐るべし。

イギリス海軍は、ドイツ生れの大海獣／リヴァイアサンの力を眼前に見せつけられ、戦術を練り直し、数によりこれを倒すしか方法がないと考えた。

一方いわゆる第一合戦に勝利したビスマルクだが、プリンス・オブ・ウェールズからの一四インチ砲弾三発を受け、以後舷側から重油の尾を曳きながらの航行であった。

しかもその後、なんとも不可思議な事柄が発生する。無傷であり、しかも本格的な戦闘を経験していない随伴の重巡プリンツ・オイゲンに、分離した上で帰港が命令されたのである。

この重要な時点で、なぜ強力な巡洋艦と別れなければならなかったのか、これまでの戦史書のいずれもが明確な答を出していない。

すでにビスマルクは、イギリス巡洋艦隊の追跡を受けていたのだから、プリンツ・オイゲンを活用、それを妨害し、自ずからは損傷を修理するためひとまず最寄りの港に向かうべきであった。

また航行を続け、イギリス艦隊と雌雄《しゆう》を決するのであれば、どうしてもプリンツ・オイゲンを手元に置いておく必要があろう。

誰の目にもこのふたつの道しかないように思えるのだが、ドイツ海軍首脳の決断はなんとも理解し難いものであった。

この結果、たしかに重巡は虎口を脱して帰還するのであるが、残った大戦艦は急きょ呼び集められたイギリスの大艦隊の集中攻撃を一身に受け、フッドの後を追うようにして波間に姿を消すことになる。

当時にあって最強の戦艦であったビスマルクを撃沈するために、イギリス側はなりふりかまわず戦艦五、空母二、巡洋艦、駆逐艦三〇隻近くをこの海域に集めている。

逆にドイツは、戦力を分散させ、もっとも重要な軍艦の命運を自《おの》ずから断ち切るという失敗をおかしたのである。

ここに、イギリス海軍の

「戦力の集中こそ勝利への近道」

という見事なまでの戦術を、我々は如実に知ることが出来るのであった。

大時化の中の激闘三時間

○巡洋戦艦シャルンホルスト

一九四三年も暮れようとする一二月二五日、巡戦シャルンホルストは駆逐艦五隻と共に、イギリスの対ソ支援船団JW55Bの撃滅を目的に、ノルウェーのアルテン・フィヨルドを出港した。

彼女は、主砲の口径こそ一一インチと小さめながら、速力、防御力に優れた戦艦であった。

JW55B船団がノルウェーの最北端ノール（北）岬を通過するころを見はからって、駆逐艦の魚雷、シャルンホルストの一一インチ砲九門を持って、これを攻撃する計画である。

言うまでもなく、一二月末の北極海であるから海況は大時化、しかも太陽の高度は著しく低く、明るい時間は少ない。

これが攻撃する側にとって、有利に働くものと予想された。

しかも護衛と偵察、索敵を任務とするドイツ駆逐艦五隻はいずれも最新、かつ大型のZ級後期型と呼ばれるタイプである。

一方、対ソ船団には、

直接護衛部隊＝ベルファストなど重巡洋艦三隻

間接護衛部隊＝戦艦デューク・オブ・ヨーク（DOY）、駆逐艦四隻がついていた。

したがってこれらの全勢力がたがいにまとまって戦うことになれば、ドイツ側の不利は明らかとなる。

しかし荒れに荒れる海、極端に悪い視界をうまく利用し、ヒット・アンド・ラン戦術をとることによって、それなりの戦果を期待し得ると、ドイツ海軍の首脳は考えていた。

海に慣れているイギリス海軍としても、商船、輸送船三十数隻からなるコンボイを守るこ

世界でもっとも美しい軍艦といわれた巡洋戦艦シャルンホルスト

とは決して容易ではない。

巡戦、五隻の駆逐艦が四方から攻撃してきたとき、三隻の重巡ではとうてい守りきれるはずはなかった。

フィヨルドを出港して間もなく、ドイツ駆逐艦はシャルンホルストの前方に進出し、時化た海に苦しみながら、船団を発見しようと速力を上げた。しかし、これが駆逐艦隊と巡戦の永遠の別れとなってしまうのである。

このあと駆逐艦は全く船団を見つけることができず、さらに巡洋戦艦と会合することもなく、ただただ北極海を走りまわり、港に戻っただけであった。

この間、ただ一艦、敵の船団を求めて北へ北へと向かっていたシャルンホルストは、まず直接エスコートのイギリス巡洋艦部隊と交戦、一隻に損害を与えている。

この報を素早く入手した戦艦DOYは全速力でドイツ戦艦を追跡し、四隻の駆逐艦と共に包囲攻撃する。

一一インチ砲×九門搭載のドイツ戦艦

一四インチ砲×一〇門搭載のイギリス戦艦、合わせて二〇門の八インチ砲搭載のイギリス巡洋艦三隻の戦いとなれば、結果は最初からわかり切っていた。

これまで幾多の海戦を経験してきたベテランのドイツ巡戦であったが、交戦後三時間とたたぬうちに大損害を被り、波間に大きく傾いていった。

これに対して、イギリス艦隊の損害はとるに足らぬものであった。

このあと大時化の中、比較的小型のイギリス駆逐艦は、数キロの位置まで接近しドイツ戦艦に魚雷を射ち込んだ。

イギリスの巡戦フッドと共に、世界でもっとも美しい軍艦といわれたシャルンホルストは、薄暗い北の海にたった一隻、まさに袋叩きの状態で沈んでいったのである。

すぐ近くにいた五隻のドイツ駆逐艦は、この間、護衛の任務を全く遂行することなく、早々と母港に向かっていった。

孤艦で死闘を続ける友軍の戦艦に、及ばずながらも救いの手を差しのべる姿勢は、なんら見られないままであった。

まさにビスマルクの随伴艦であったプリンツ・オイゲンと、全く同じ状況というしかない。

ここにドイツ水上艦隊の弱さが表われている。

不振に終わった水上艦隊

さてビスマルクの場合のプリンツ・オイゲン、シャルンホルストの場合のZ級駆逐艦五隻が、たとえ最後まで随伴していたとしても、より強力なイギリス艦隊と闘い、勝利を得るのは難しかった。

圧倒的な戦力の差ははじめから明らかであり、この期待は空しい。

しかし、プリンツ・オイゲン、五隻の駆逐艦が付き添ってさえいれば、二隻の巨艦がイギリス艦隊の追跡を振り切り、または包囲を脱することは充分に可能であったとも考えられる。前者ではドイツ側の戦艦、重巡はイギリスの主力艦よりかなり優速であったし、また後者の例では、冬期の北極海の暗黒と厳しい海況が、逃走する側に味方してくれたはずなのである。

それにもかかわらず、実質的には僚艦を見捨てる形で戦場を離れていったドイツ艦艇が、合わせて四隻しかない戦艦のうちの、ビスマルクとシャルンホルストを沈めてしまったとも言い得る。

この二隻が孤立したまま失われた状況は、のちのドイツ海軍の水上艦隊の士気を急速に低下させたのではあるまいか。理由はなんであれ、共に闘うべき仲間が、もっとも重要な生死を問われる戦闘のさい、傍らにいなかったのであるから。

第二次大戦中、ドイツ海軍のUボート部隊は、目覚しい活躍と闘志を見せ、それは戦局が不利に傾いてもなんら変わらなかった。

これに対して水上艦部隊は、そこそこ戦果を挙げてはいるものの、最初から最後まで及び腰の戦いぶりに終始した。

この失敗の原因は数多く考えられるが、その最大なものは、『海そのものと、イギリス海軍に対する潜在的な恐怖・畏怖《いふ》』であったようだ。

汲み取るべき教訓

すでに述べてきたごとく、ドイツ海軍の二隻の巨大戦艦は孤独のまま海に消えた。

ビスマルクは重巡プリンツ・オイゲン
シャルンホルストは五隻の駆逐艦
と分離してしまったのである。

この両方の戦いについて、戦後の歴史家たちは、これといった論評を加えていない。

しかしここで明確に述べておくが、ドイツ海軍水上艦部隊の行動のほとんどに関して言うなれば〝連係、あるいはチームワーク〟とは無縁であった。いやもう少し厳しく拙劣とも表現できる。

イギリス海軍と比して弱体であるからこそ、まとまって戦わなくてはならないのに、互いの協力のないまま戦い敗れ去るのであった。

またいかに強固な戦艦と言えども、一隻だけで複数の戦艦に太刀打ちする愚を、ビスマルクとシャルンホルストは我々に教えていると言う他はない。

真珠湾で逃した〝大魚〟

世界戦史に特筆される日本海軍によるハワイ真珠湾奇襲攻撃――大成功のうちに終わったように見えるこの作戦には、三つの大きな失敗があった。その最大のものとは？

全滅した米太平洋艦隊

一九四一年一二月八日、日本海軍の六隻の航空母艦から発進した

第一次攻撃隊　一八三機

第二次攻撃隊　一六七機

の大艦上機編隊が、当時にあって世界最大の海軍基地ハワイ・オアフ島の真珠湾に殺到した。

これがそれまでの戦争の歴史に、もっとも大きな活字で記載される〝真珠湾攻撃〟である。

この時、この軍港パールハーバーとその周辺には、主な戦力だけでも、

○戦艦八隻を基幹とするアメリカ太平洋艦隊
○約一〇万の兵員と三五〇機の航空機を擁するアメリカ陸軍部隊
が存在していた。

なかでも戦艦の八隻という数こそ、アメリカ海軍の中核戦力そのものであった。なにしろ保有する戦艦の四割に当たるのである。

さらに日本側は五隻からなる特殊潜航艇を湾内に侵入させ、航空部隊と呼応してアメリカ戦艦部隊を痛撃する。

この年の秋から日米間の和戦をめぐる交渉は難航していたから、アメリカ側としても、この地に対する日本海軍の攻撃をある程度予想していたはずである。

それにもかかわらず一二月八日の早朝に開始されたこの攻撃は、完全に近い形の奇襲となった。

日本軍は、急降下爆撃機に続いて雷撃隊、さらには水平爆撃隊を次々と投入し、湾内とその周辺の軍事施設を執拗に攻撃する。

第一次、第二次攻撃隊はのべ二時間にわたってオアフ島上空にあって、その威力を存分に発揮したのであった。

戦果はまさに恐るべきものとなり、アメリカ海軍、陸軍航空部隊の損失は次のような莫大な数値となった。

戦艦　沈没　五隻（ただし着底）

　損傷　三隻

その他の艦艇　沈没四隻　損傷八隻

航空機　全損二三一機

死傷者　三五八〇名

この他　海軍工廠などに軽い損害

つまり八隻の戦艦のすべてが、沈没あるいは大なり小なりの損傷を被り、すくなくとも一時的にアメリカ太平洋艦隊の主力は全滅したのである。

これに対して日本側の損害は、

航空機の損失　二九機

特殊潜航艇　五隻

のみであり、決して大きくはなかった。

この点からは、予想以上の結果といえようが、見方によっては〝大魚を逸した〟可能性も残る。

いや、それどころか、もしかすると、この攻撃は信じられないほどの失敗だったのかも知れない。

ここではそれを事実に基づいて検証する。

よみがえった戦艦群

一、沈んだ戦艦の復活

ネバダBB36→沈没→浮揚→再就役
オクラホマBB37→そのまま廃艦
アリゾナBB39→そのまま廃艦
カリフォルニアBB44→浮揚→再就役

この他に、旧式戦艦で標的艦となっていたユタBB31が沈没し廃艦となる。

このように真珠湾で沈没した現役の戦艦五隻のうち、完全に破壊したのはユタを除けば、二隻のみであった。

アメリカ海軍は全力を挙げて沈没、着底してしまった戦艦の浮揚作業を行ない、カリフォルニアは三ヵ月後に浮き上がり、しばらくして航行可能となる。その他のネバダ、ウエストバージニアも順次、修理と同時に大改装されて面目を一新したあと、対日戦に投入されるのであった。

この事実を知ると、水深の浅い港内に停泊している敵艦を攻撃するという戦術自体に疑問が生ずる。

たしかに座っている家鴨《あひる》は討ちとりやすいが、軍艦はそれとは異なり充分な工業力を持ってすれば、生き返るのである。

そしてまたアメリカのこの分野の工業力は、日本の予想をはるかに超えて大きかった。

真珠湾の火煙の中で沈みゆく米戦艦群

二、航空母艦の不在

当時、アメリカ海軍は太平洋に四隻の空母を配置していたが、真珠湾港内、あるいはその近海にはいなかった。

このためすべてが攻撃をまぬかれ、すぐ後に対日反攻の要となる。

日本海軍が開戦に当たって、攻撃の目標として戦艦、空母のどちらをより重要視していたのか、定かではない。

開戦後間もなく、海軍の主力はもはや戦艦ではなく、空母であることがはっきりするが、戦争の勃発までどの国の海軍も前者と考えていた。

したがって、日本海軍が奇襲にさいして航空母艦が皆無である事実を知りながら、攻撃に踏み切ったことが失敗かどうかは判断に苦しむところではある。

このような立場から、この真珠湾攻撃自体を安直に評価するのは避けなくてはならない。

その一方でレキシントン、サラトガをはじめとするアメリカ海軍の空母が、航海中であったことが、同海軍にとってどれほど幸運だったのか、間もなく判明するのである。

三、燃料貯蔵施設を攻撃せず

ここでようやく本筋に入る。表題の意味する〝大魚〟とは、

第一に燃料貯蔵施設

第二に航空母艦

なのである。

空母に関しては前述のとおりの状況であったが、貯蔵所／オイル・ストレージは厳然として攻撃可能の対象として存在しながら、ほとんど無防備のままであった。

当然ながらハワイ諸島では石油／原油は産しない。

このため燃料の種類、あるいは軍用、民間用を問わず、アメリカ本土から延々と四〇〇〇キロを運んでくる必要があった。

まずこの点をしっかり把握しておくべきである。

さらには、太平洋を広く見渡した場合、アメリカが強大な前進拠点とすることの出来る場所はハワイ以外に存在しない。

ミッドウェー島はあまりに小さすぎ、グアム島には大規模な港と呼べる施設もなく、フィリピンはアメリカ自国の領土とはいえないのである。

カリフォルニアから離れるとなると、ハワイこそ唯一の頼るべき大前進拠点であった。

こうなると否応なく、ここに大量の燃料を備蓄、貯蔵しておかなくてはならず、その状況は海軍、陸軍ともに変わらなかった。

もし攻撃をしていたなら

ところで真珠湾周辺には、どれだけの量の液体燃料が蓄えられていたのだろうか。

これを示す資料を探し出すのは困難であるから、別な方法で推定してみよう。

幸いなことに、真珠湾攻撃のさい、航空機から撮影された写真がかなり豊富に残されている。

これらを拡大鏡を使って詳細に調べ、燃料タンクの数を数えてみた。

もちろん、地下にあるものは発見できず、まだ写真にすべてのタンクが写っているわけではないのは当然である。

しかし一応、次の結果を得た。

○フォード島
中型タンク五、小型一六基／すべて航空用の燃料と思われる。

○南岸の大貯蔵タンク群
超大型一五、大型二、中型五、小型一一基／これらはすべて海軍基地内にあり、艦艇用の重油と見るべきであろう。

○南東の岸辺の貯蔵所

中型三六、小型一一基／陸軍ならびに民間の車両用？

繰り返すが、何枚かの写真をもとにした判断であり、正確な数ではない。しかし少なくとも、この程度の数の円筒型貯蔵タンクが設置されていた。

これらの数値をもとに、貯蔵されていた燃料の量を推定する。

現在、日本のオイル基地に建設されている最大のタンクの容量は、なんと一基で三〇万トン、つまり大型タンカーの運んできた原油を一基ですべて呑み込んでしまう。

現代にあって、超高張力鋼板の開発が、このような巨大なタンクを実現させたのである。

さて当時のタンクの容量を推定すると、これよりずっと少なく、目安としては、

超大型二万トン、大型一万トン、中型五〇〇〇トン、小型二〇〇〇トンといったところだろうか。

これを基準に計算すると、真珠湾周辺には

航空用燃料　六万トン弱

艦艇用　三七万トン

車両用　二〇万トン

合計　六〇万トン強

が蓄えられていたことになる。

ちなみに日本海軍は開戦時、国内に二〇〇万トン、海外に四〇～五〇万トンの燃料を備蓄していた。これと比べたとき、かなり多いような気がしないでもないが、真珠湾を母港とし

ている艦艇の数は、戦艦八隻、空母四隻を中心に八三隻、航空機は七八〇機、車両はオアフ島全体で軍用民間を合わせて一・五万台もあったので、ほぼ妥当な量といえよう。

そして日本海軍は、この航空機、艦艇、車両の血液とも思われる石油、ガソリンの類を全く攻撃しようとしなかった。

巨大なタンクがほんのわずかな衝撃で破壊され、すぐに火災に結びつく事実は、二〇〇三年秋の十勝沖地震で引き起こされた北海道の事故によって明確に証明できる。

この事故ではわずか一基のナフサ（粗製ガソリン）タンクの消火作業に、数十台のポンプ車がかかりきりになり、全国に貯蔵されている化学消火剤の三分の一を消費したにもかかわらず、鎮火まで七〇時間を要している。

しかも本当のところは、消火に成功したというよりも、タンク内のガソリンが燃えつきてようやく鎮火に至ったのであった。

消火の技術が進歩した現代にあってさえ、大燃料タンクの火災を消し止めるのはこのように困難なのである。

真珠湾の場合、車両用のタンク群はともかく、航空用、艦艇用の攻撃は必須の条件であった。

航空用ガソリンのタンク　二一基

艦艇用重油タンク　　　　三三基

が、いったん燃え上がれば、真珠湾全体が火の海と化す。

真珠湾上空の九七式艦上攻撃機、下に無傷の燃料タンク群が見える

さらに引火しなくとも重油が大量に流出しさえすれば、軍港自体の使用がかなりの期間にわたり不可能になるはずである。

現地を訪ねればすぐに理解できるが、パールハーバーは日本海軍の横須賀、佐世保基地などと同様に決して広大な港ではない。

日本海軍としては、通常爆弾と焼夷弾をたずさえた急降下爆撃機数機を、それぞれの貯蔵施設に振り向けるべきであった。

もしかすると、それによる効果は、戦艦群への打撃をはるかに上まわったかも知れないのである。

もちろん現在の時点から見れば、環境問題ひとつをとっても、美しい湾の内側を火の海、油の海にしてしまうことはとうてい認められるものではない。

しかし戦争において、敵軍の行動の源となる燃料の削減をめざすのはしごく当然の戦術なのではあるまいか。

戦後の戦争でもこれは同じで、とくにベトナム戦争、湾岸戦争のさいには最初に貯蔵施設／オイル・ストレージが攻撃目標となっている。

ともかくこれが不足となれば、近代的な軍隊が手も足も出なくなることは、大戦末期の日本が骨の髄まで痛感させられたのであった。

そして真珠湾攻撃により、この地の石油、ガソリンが失われれば、アメリカ海軍は行動不能となり、海外に存在する最大の拠点は意味をなさない。

その次の問題としてカリフォルニアとハワイ間の燃料輸送は、太平洋艦隊のもっとも重要な任務となる。

この航路の安全確保のために、少なくとも数ヵ月にわたって、アメリカ艦隊の戦闘力を大幅に削ぐに違いない。船団の運航に、多くの護衛艦が必要となるからである。

このように考えていくと、その後に発生した珊瑚海、ミッドウエーの海戦は生起せず、ガダルカナルに端を発した対日反攻については、一九四三年に入ってからになったであろう。

さらに日本海軍としては、先の航路の遮断に全力を注げばよくなる。

つまり四〇〇〇キロの航程のうち、好きな時に好む海域でアメリカ船団を襲うことができよう。

必要な民間シンクタンク

結局のところ、真珠湾を攻撃するさい、オイル・ストレージを目標から除いたことが、日本海軍の最大の失敗であった。

自分たちが数年も前からアメリカ、オランダの石油の封鎖によって散々に苦しめられている、という現実が目の前にあってさえ、海軍の首脳、現場の高級指揮官たちはこれに気づかなかった。

国内では産出しない石油が欲しいばかりに南方に進出し、また必死になってこの備蓄に取り組んでいながら、〝大魚〟をみすみす見逃してしまった理由を、われわれはどこに求めればよいのだろうか。

これは欧米、とくにアメリカ、イギリスが生み出し、見事に運用した頭脳集団、いわゆるシンクタンクといった組織を持たなかったことに尽きるようである。

とくに後者は、民間の科学者たちによるオペレーションズ・リサーチ＝OR（科学的・数学的な作戦計画の立案方法）を採用し、いかに効率よく作戦を進めるか徹底的に研究している。

陸軍はもちろん、日本海軍の秀才たちであっても、これらの面からは遠く欧米におよばなかった。

つまり大戦争のやり方、行方については、軍人より民間人の方がはるかに優れていたのであった。

わが国の自衛隊が、いわゆる有事のさい、太平洋戦争の轍《てつ》を踏まないように祈るばかりである。

汲み取るべき教訓

真珠湾攻撃のさいの日本海軍は、緻密な計画、戦力の一挙投入という二つの分野で見事な成果を見せつけた。

しかし繰り返すが、これだけ大規模な作戦でありながら

（一）燃料貯蔵施設
（二）港湾施設
（三）艦船修理施設

を見逃してしまったのはなぜなのだろう。

はっきり言えば、日本海軍の中に広い戦略眼を持った指揮官、参謀が皆無だったことによる。真珠湾計画の立案者の中に、一人として前記の三目標の壊滅を主張する者がいなかったとすれば、この時点で太平洋戦争の勝敗は決していたといっても過言ではない。

近代戦になればなるほど、『裏方の存在こそ勝利への鍵』なのである。

ところが現在の自衛隊を見ても、この傾向が希薄であるような気がするのは、筆者のみであろうか。

英国〝3Vボマー〟の無駄遣い

太平洋戦争中、日本の陸海軍は、零戦と隼という搭載するエンジンを含め、ほとんど同じタイプの主力戦闘機を別個に生産・運用するという非効率をおかしたというが、大戦直後のイギリス空軍でも大失敗が！

零戦を陸海軍共用機に

太平洋戦争にさいして、日本軍の航空部隊とその関係者たちは、ひとつの大きな失敗をおかしている。

それは、もともと資源は少なく、しかも工業生産力も欧米列強と比べて決して大きくなかった我が国が、兵器の統一を試みなかったことである。

ここで取り上げたいのはまず、海軍の主力戦闘機零戦（A6M）

陸軍の主力戦闘機一式戦「隼」（キ43）で、このどちらもほとんど同一といっても良いくらいよく似た戦闘機であった。

第一にエンジンは、

零戦　栄二一型一一三〇馬力

隼　ハ一一五型一一〇〇馬力

を搭載していたが、これは呼び方こそ違え実質的に同じものである。

さらに武装を除けば寸法、重量、翼面積にいたるまでこの二種の戦闘機はほとんど変わらない。

こうなればスタイルも同様であって、専門家、航空ファンでなければなかなか見分けはつきにくい。

実際に零戦、隼と戦ったアメリカ軍パイロットもたびたび混同している。

もちろん性能も大差ないのに、どうして陸海軍の首脳はこれらを統一することは考えなかったのだろうか。どちらかといえば、すべての点について零戦が多少優れており、これを陸海軍共用の主力戦闘機とすれば、製造に関する手間は半減され、生産数は大幅に増加したものと思われる。

製造数は

零戦　一万四三〇機

隼　五七五〇機

計一万六一八〇機となるが、もしこれらが統一されていれば、少なくとも合わせて二万機に達したに違いない。

現代はもちろん、当時にあっても同じものを大量に造ることによって生産性は上がり、その反対に価格は下がる。

加えて信頼性は向上、とくに戦時にはなんといっても数をそろえることが大切だから、機種の統一はなんとしても実現すべきであった。

現実の問題として、日本の陸海軍の間の軋轢《あつれき》は想像以上であったから、これは結局のところ夢でしかなかった。

それでも筆者は、この事実ひとつを持ってしても、太平洋戦争当時の陸軍の度量の小ささが残念なのである。

どうも我が国の軍隊は「まず最初に自分たちの組織が大切であり、国家の存続さえもその前には二の次、三の次である」と考えていたように思えて仕方がない。

もっとも対するアメリカも、大戦中に陸海軍共用の戦闘機を持てないままであったが……。

しかも次の事例を見ていくと、この軍人の傾向は必ずしも日本やアメリカばかりではない事実が浮び上がってくる。

ここではイギリスの空軍を俎上に載せ、この問題をさぐってみる。

RAFの3Vボマー誕生

第二次大戦が幕を閉じたとき、イギリスは間違いなく勝者の側に立っていた。一九三九年九月から四五年八月まで、丸六年の永い永い戦争であったが、多くの犠牲者と損害を出しながらも、その努力は報いられたのである。

しかし、太陽の沈むことのない、と形容され、栄華をきわめた大英帝国も、第一次、第二次大戦で国力を大幅に消耗させていた。

戦後間もなく国中に失業者があふれ、インフレは進行、かつての植民地は次々と独立していく。

このような状況にもかかわらず、イギリス国防省と空軍（RAF）は、国家の経済状況も考えず、当時声高に叫ばれていた〝ソ連の脅威〟を名目に、ジェット爆撃機の開発に着手する。

しかも、ほぼ同じ寸法、性能のものを、それぞれ別個に三社のメーカーに発注する有様であった。

この頃、イギリスには八つの航空機メーカーが存在したが、そのうちの大手三社アブロ、ハンドレページ、ビッカースが、同じ仕様の爆撃機を全く別々に受注する。

驚くべきことに、この新型爆撃機の開発に関して、前記三社の技術者たちの打ち合わせや摺り合わせは皆無だったのである。

現代でも無論のことだが、当時にあっても、大型ジェット爆撃機を誕生させるには莫大な資金を必要とする。

ハンドレページ・ビクターB2。3機種の中でもっとも長く現役についた

しかも開発が終了し、製造、配備、運用となれば、このための費用も天文学的な額となろう。

ところが、国防省は用兵者の空軍と謀って、早々に計画を実行に移した。

前述のソ連の脅威という口実が、常識的な意見を沈黙させたとも言い得る。

そして五年後、

▽アブロ・バルカン＝VULCAN

▽ハンドレページ・ビクター＝VICTOR

▽ビッカース・バリアント＝VALIANT

つまりそれぞれの頭文字から、3V爆撃機と呼ばれることになったジェット爆撃機が次々とロールアウトする。

注・名称の意味

バルカン＝別名ヘファイストス、ギリシア神話の火と鍛冶《かじ》屋を司どる神

ビクター＝勝利者、戦勝者の意

バリアント＝勇敢な人（名）、英雄的な（形）

エンジンも全く別物

それではさっそく、この三種の大型ジェット爆撃機の仕様、性能などを見ていくことにしよう。

まず、すべて乗員は五名、エンジンは四発で、寸法もほとんど変わらない。

外観からいえばバルカンが巨大なデルタ翼、他の二機種はいわゆる三日月翼となってはいるが、最大速度、行動半径も大差はないのである。

ともかく初飛行も一九五一年の五月から、約一年半の間に次々と行なわれている。

この状況からもわかるとおり、イギリス国防省とＲＡＦは、全く同じといってよいほど似た大型爆撃機三種を、予算も考えないまま進空させたのであった。

このあと、競争試作、つまり各社に試作を競わせて一機種にしぼるかと思われたが、なんと全機の量産配備に踏み切った。

これには大手航空機メーカーに均等に仕事を与える目的があったと推測されるが、それにしても呆れるほどの税金の無駄遣いという他はない。

この目的ならば、もっとも優れた機種を選定し、その生産を三社に割りふれば良いわけである。

しかしそれもせずに、三機をそのまま生産に移した。

イギリスの3V爆撃機

要目・性能＼機種	アブロ・バルカンB2	ハンドレページ・ビクターB2	ビッカース・バリアントB(K)1
乗員(名)	5	5	5
全幅(m)	33.4	33.5	34.8
全長(m)	29.6	35.0	33.0
翼面積(㎡)	368	240	220
自重(トン)	66.8	68.5	41.5
総重量(トン)	82.0	101	72.6
搭載量(トン)	未発表	←	←
エンジン×基数	オリンパス201×4	RRコンウェイRCO.11×4	RRエイボンRA28×4
総推力(トン)	29.0	30.0	18.2
最大速度(M)	1.00	1.00	0.95
巡航速度(M)	0.90	0.85	0.78
上昇限度(km)	16.0	15.0	15.0
行動半径(km)	3000	2700	2600
初飛行(年/月)	1952/8	1952/12	1951/5
生産機数	78	86	108

このジェット爆撃機計画の実施に当たって、RAFは「母国の存続のためには、どうしても五〇〇機が必要である」と強調していた。

これなくしては、ソ連の脅威にとうてい対抗できないと主張し続けたのである。

ところが三機種の同時進行となったため、予算はみるみるうちに膨らみはじめた。

バルカン、ビクター、バリアントの間に、少しでも部品の共通化がはかられていればよかったのだが、それも全くないまま製造されていったのである。

例えば、機体の寸法は大差ないのに、エンジンについては、

バルカン／ブリストル・オリンパス
ビクター／RRコンウェイ
バリアント／RRエイボン

と、これまた三種類が脈

優雅でスマートなフォルムのビッカース・バリアントB1

略なく搭載されている。

こうなると、繰りかえし述べているように、三種の爆撃機は全く別の航空機であることが明確になる。

したがって整備、運用のマニュアルから特殊工具まで、独自にそろえなくてはならない。

必然的にそのための莫大な費用が必要となり、その金額は当初の予算の八倍にまで増大した。

しかもこれが原因で、五〇〇機の配備計画は完全に挫折し、最終的な製造数は、

バルカン　七八機
ビクター　八六機
バリアント　一〇八機

計　二七二機となり、必要数の半分強にとどまることになる。

五〇〇機のジェット爆撃機がなければ、国家の安全を保障できない、と大声で叫んだ人々は、この状況をどのように感じたのだろうか。

フォークランド戦に登場したアブロ・バルカンB2

第二次大戦中のイギリスは、戦争をいかに効率よく遂行していくべきか、といった課題に対して、オペレーションズ・リサーチ（OR）を考案、見事にこれを活用した。

とくにドイツ本国に対する戦略爆撃や、対ソ支援船団の安全運航については、これ以上ないと評価できるほどの優れた手腕を発揮している。

ORとは簡単に言えば、

『最小の犠牲にして最大の効果』

が目的であって、広義の〝効率化〟の一言に尽きる。

これは戦時の場合だが、平時においては、

『最小の投資で、最大の効果』

と考えればよい。

ところが、現実の3V爆撃機の配備、運用計画ははっきり言って、

『最大の投資、最小の効果』

となってしまった。

戦時、平和時を問わず、兵器の統一化は強力な戦力を維持するための絶対条件である。一九四五年に終わった大戦で、それを骨の髄まで感じていながら、それから数年を経ないうちのこの有様は、いったいどういう理由からであろうか。

まさにだれが考えても税金の無駄遣いと言うしかない。

自衛隊武器調達の無責任

ここで教訓としなくてはならないのは、大部分の軍人たちも、結局のところ公僕意識の薄い役人連中と同じであって、税金を遣うことに責任を感じていないといった事実である。

これは私利私欲に走るという行動とは多少異なり、自分の懐を潤すわけではないのだが、前述の〝効率化〟を全く忘れている。

大戦中、日本軍とはかけ離れて優れていたイギリス軍ではあるが、3V爆撃機に関するかぎり似たり寄ったりと言ってよい。

しかし、軍人や役人、官僚が国民から集めた税金の遣い方、遣い道に無神経なのは、現代にあっても全く同様である。

これについて身近な一例を挙げておこう。

二〇〇三年の秋、我国の会計検査院が自衛隊の武器、兵器の購入について苦言を呈している。

これはアメリカ製兵器の買い入れに関する不手際で、全額をあらかじめ支払っているにもかかわらず、三年を経ても全くその兵器が届いていない事実が多々存在しているというのである。

なかには、発注し支払っているにもかかわらず、アメリカのメーカーがすでに製造を中止してしまっており、現物が存在しないといった例さえあった。

しかも日本側の購入の担当者は、支払ったことさえ忘れてしまったらしく、一度として請求していなかったのである。

そして、このようにして宙に浮いている金は、実に五〇〇億円という多額に上っている。

これがもし自分自身の金であったら、もっと大切に使い、品物が届かなかったらすぐさま問い合わせていたはずである。

イギリスの3V爆撃機計画といい、このたびの日本側の失敗（関係者の無責任さ）は、疑いもなく、「好意的に見ても不作為の失敗、厳しく問えば明らかな未必の故意」である。このような事実があるために、我々納税者は軍人という専門家の行為、行動に対しても、常に眼を光らせていなくてはならないと思う。

汲み取るべき教訓

自衛隊員を含んで、軍人も役人であることに変わりはない。

戦時はもちろん平時においても、その身分は保障され、また待遇も決して悪くないと言える。

このため、市井の企業人と比べた場合

（一）進取の気性が不足しがち

（二）自分の意見を表明しない

（三）（一）（二）とも合致するが、事なかれ主義に走るといった傾向が見られる。

したがってタックスペイヤー（税金を払う人）は常に目を光らせ、広義の彼らの行動を見守る必要がある。

さもないと低効率、多大な無駄がまかり通り、貴重な税金がなんとはなしに消えていくといった状況に至る。

たとえ軍事に関する事柄でも、民間人は積極的に発言し、場合によっては軍人の思考と決定を覆《くつがえ》すだけの勇気を持ち続けなくてはならない。

巨艦の命運を決した〝魚雷の一刺〟

軍縮条約明けから第二次大戦にかけて建造された世界の新戦艦のうち、戦闘行動中に失われたものは四隻だけだが、その三隻の沈没原因には、思いもよらぬ天の配剤があった！

新戦艦はわずか二四隻

この世に実在する物体と現象の組み合わせのうち、もっとも〝勇壮〟なシーンを絵にすると、どのようなものになるのだろうか。

ある人は急坂をあえぎながら登っていく蒸気機関車、またある人はスタート直後のレーシングカーの群れに、これを感じる。

筆者の場合の〝勇壮〟は、時化《しけ》た大海原を全速力で疾駆する軍艦である。

それも大砲らしい大砲を積んでいない現代のそれではなく、大和、アイオワに代表される戦艦、とくに今に残る大和の試運転時の写真など、最初に見たときの強い印象が、何度眺めても色褪《あ》せることはない。
多くの読者と同様に、現在の海軍には一隻として存在しないものの、この鋼鉄の城に対する思い入れは、歳と共に強まるばかりなのである。
その結果、各地に保存・展示されている戦艦を追いかけて全米を駆けまわることになる。
それはともかく、ここではこれまでの〝戦場における小失敗〟と少々異なるが、思いも寄らなかった戦艦の最後の場面を調べていきたい。
なぜなら、そこには設計者、用兵者たちが考えもしなかった形の弱点が存在し、それが海上の王者の死を確実に早める結果となっているからである。
さて、本題に入る前に、繰り返しになるが、いわゆるワシントン軍縮条約以降に建造された「新戦艦」について述べておこう。これらは、
日本二隻、大和型
アメリカ一〇隻、ノース・カロライナ級二隻／サスウ・ダコタ級四隻／アイオワ級四隻
イギリス五隻、キング・ジョージ五世級
ドイツ二隻、ビスマルク級
フランス二隻、リシュリュー級
イタリア三隻、ビットリオ・ベネト級
したがって高速ではあるが防御力に劣る巡洋戦艦に区分されるのを除けば、合わせてもたった二四隻しか造られなかった。

また第二次世界大戦で失われた新戦艦は、日本二、アメリカなし、イギリス一、ドイツ二、フランスなし、イタリア一の合計六隻となる。

さらにこのうち、戦闘行動中に沈没、つまり敵に撃沈されたのは、日本の二隻、イギリスの一隻、ドイツの一隻のわずか四隻だけである。

ドイツのティルピッツは停泊中、イタリアのローマは非戦闘状態で沈んでいるから、先の四隻が戦闘中に沈んだことになる。

この中の三隻、ドイツ海軍のビスマルク、日本海軍の武蔵、イギリス海軍のプリンス・オブ・ウェールズ（ＰＯＷ）の沈没にさいしては、前述のごとく思いも寄らない偶然がその最後を早めたのであった。

たとえ人智を尽くして設計、建造された最強の軍艦であっても、運命のいたずらには手の打ちようがない、という事実をこれから見ていくことにしよう。

舵に命中した航空魚雷

（一）ビスマルクの最後を早めたもの

大和型、アイオワ級の就役前であったので、ビスマルクは疑いもなく当時最強の戦艦といえる。

一九四一年の五月、ドイツ生まれの大海獣は初めて大西洋に進出し、イギリスの輸送船団に攻撃の的をしぼっていた。

これに対してイギリスは、戦艦プリンス・オブ・ウェールズ、巡洋戦艦フッドの二隻を投入、迎撃する。

しかし、三隻の巨艦の対決は、ほとんど一瞬にして終わった。

ビスマルクの一五インチ砲の威力は凄まじく、フッドは砲戦開始後十数分にして轟沈、POWもかなりの損傷を受けて退却にいたる。

一方、POWから三発の命中弾を受けてはいたが、いずれもかすり傷程度で、ドイツ戦艦はゆうゆうと戦場から去っていった。

イギリス海軍は、これを追跡、撃沈するため、戦艦五、空母二、巡戦三、巡洋艦九、駆逐艦二一隻を動員した。

それでもビスマルクは追跡をかわし、本国への帰還に成功するかに見えた。

ここでイギリス海軍にとっては奇跡、ドイツ海軍にとっては悪夢がやってくる。

空母から発進したソードフィッシュ雷撃機が、ビスマルクに一本の魚雷を命中させたのである。

本来、ソードフィッシュが搭載しているような小型の航空魚雷では、大戦艦の舷側装甲を突き破ることは難しい。

しかし、先に〝奇跡〟とした理由は、このたった一発の魚雷がなんと舵に当たったのである。

このためビスマルクの主舵は、片側いっぱいに曲がった状態で動かなくなってしまった。

これが、舵が外れてしまうか、あるいは中央の位置で止まっていたならば、それ相応の措置が考えられる。

左右のスクリュープロペラの回転数を変えることにより、一応の航行が可能となる。けれどもこの場合、状況は全く異なり、スクリューを動かせば、その場で旋回するだけになってしまっていた。

いわゆる船乗りが言うところの『舵のない船は曳けぬ』状態で、動くことも曳船を派遣して曳航することも出来なかった。

ビスマルクの設計者、建造会社、用兵者のだれもが想像もしない事態に追い込まれたのである。

満載排水量五万五〇〇〇トンの巨艦が、たった一本の、それも低威力の魚雷で動けなくなるとは……。

そのあとのドイツ戦艦の運命は悲惨をきわめた。

歓声を挙げつつ追いつけてきた大戦力のイギリス艦隊に包囲され、さんざんに撃たれ続け、ついに沈まざるを得なかったのであった。

暴れまわったシャフト

(二)マレー沖海戦におけるPOWの最後

プリンス・オブ・ウェールズは、完成直後にビスマルクと戦い、傷を負った。

しかし、それも間もなく癒えて、日本海軍への抑止力としてシンガポールに派遣され、この地で太平洋戦争の勃発を見る。

そして、わずか三日後、巡洋戦艦レパルスと共にジャワ沖の海底に沈んでいくことになる。

新戦艦ＰＯＷ、古い軍艦ながら高速のレパルスを短時間のうちに撃沈したのは、日本海軍航空部隊の九六式、一式陸上攻撃機約八〇機であった。

このうち約七〇機が魚雷と爆弾で、二隻のイギリス戦艦を攻撃し、

ＰＯＷには魚雷七発、五〇〇キロ爆弾二発

レパルスには魚雷一四発、二五〇キロ爆弾一発

を命中させた。

戦闘の大まかな状況としては、レパルスより数段強固な防御力を誇るＰＯＷが初期に動けなくなり、これにより対空砲火の威力が大幅に削減され、二隻の沈没につながっていった。

しかもＰＯＷが動けなくなったのは、後部に命中したたった一本の魚雷が原因であった。

この点からはビスマルクの場合とよく似ている。

ただ命中個所は舵ではなく、四本あるプロペラシャフトのうちの一本であった。

艦底で爆発した魚雷は、シャフトを支えているスケグと呼ばれている金具を破壊した。

このあとに起こった事態はまさに凄まじいもので、支えを失った長さ一七メートル、重さ五〇トンにもおよぶシャフトが、プリンス・オブ・ウェールズの艦底で暴れまわったのである。

直径四メートルもある巨大なスクリューがなんの支えもないまま、一七メートルのシャフトの先端で狂ったように回っている様は想像するだけでも恐ろしい。

これによりシャフトの付け根から急速に浸水がはじまり、新戦艦ＰＯＷの速力と浮力は短時間のうちに失われていった。

左舷外側にめくられた艦首外板

(三) シブヤン海に没した武蔵の悲運

史上最大最強の戦艦であり、大和型の二番艦としてその名を轟かせていた武蔵は、昭和一九年一〇月二二日、勇戦奮闘のあとフィリピン沖の海に沈む。

いわゆるシブヤン海の戦いのさい、この満載排水量七万トンを超す巨艦は、アメリカ空母機による集中攻撃で撃沈された。

レイテ湾へ向け航行中の日本艦隊の中で、特に武蔵が目標とされたのはなぜなのだろう。この時の艦隊の中には、より鈍速の大戦艦長門もいたが、攻撃は主に武蔵に集まったのである。

ここでも先のふたつの場合と同様に、一本の魚雷が大きな不運を招き寄せた。攻撃してきた第二波のＴＢＦアベンジャー雷撃機によって投下された魚雷が、武蔵の艦首左側を直撃した。

この部分にはとくに重要な機構はなかったものの、全く別な問題を生じさせたのである。

航空攻撃で沈められた各国新戦艦の被弾数

艦名＼機種	航空魚雷	水上艦魚雷	超大型爆弾	中型爆弾	大口径砲弾	大型誘導爆弾
ビスマルク(独)	2	4			20	
ティルピッツ(独)			6～8			
ローマ(伊)						2
武蔵(日)	19			17		
大和(日)	12			7		
プリンス・オブ・ウェールズ(英)	7			2		

魚雷の爆発によって、厚さ五〇ミリもある鋼鉄の外板が運の悪いことに大きく外側にめくり上がってしまった。

これはもろに海水を掻《か》き、もの凄い水柱を吹き上げると共に航行抵抗を増加させた。

さらにこの抵抗により、艦首は左へ左へと回頭してしまう。

中立を保つには舵を右に動かさなくてはならないが、そうすると速度が急激に低下する。

このような状況に陥り、武蔵は対空戦闘のための輪型陣から少しずつ取り残されていった。

当時の指揮官・栗田健男中将としては、大和と共に砲撃力の中心であった武蔵をなんとしても救いたかったと思われる。

しかし、そのためには艦隊の速力を一〇ノットほど落とさなくてはならない。

これでは艦隊のすべてが、アメリカ軍機の攻撃の的となる可能性が高くなる。

涙をのんで日本軍の水上部隊は、武蔵をその運命にまかせて、レイテ湾に向かった。

シブヤン海で左舷前部に魚雷が命中した瞬間の戦艦武蔵

二隻の駆逐艦に付添われて必死に主力の後を追う巨大戦艦だったが、前述のごとくアメリカ海軍の空母機はこれに攻撃を集中した。

その結果、武蔵が海面から姿を消すまで、航空魚雷一九本、加えて二五〇キロ、五〇〇キロ爆弾一七発に耐えていたのであったが……。

このようにして史上最大の戦艦は、同型艦大和より約半年先に沈んでいった。

誕生が大和より半年遅かったにもかかわらず、早く逝ってしまったことになる。

さて、別表に示すごとく、ワシントン軍縮条約明けに造られた戦艦群は、それ以前のものより数段大きな防御力を有していたにもかかわらず、大部分は航空機の攻撃に耐えられなかった。

またビスマルク、プリンス・オブ・ウェールズ、武蔵はたった一本の航空機用魚雷によって半身不随となり、死期を早める結果となった。

この魚雷の命中がなければ、あるいは他の個所に当たっていれば、それぞれが助かったかどうか、はっきりとは判らない。

つまるところ、いかに人間が努力しようとも、最終的な運命を握っているのは偶然であって、それは別名〝神〟と呼ばれるものなのであろう。

この意味から我々の運命も、偶然あるいは神の手から決して逃げられないのである。

だからといって、日々の努力が不要というわけではもちろんなく、「人事を尽くして、天命を待つ」べきなのであった。

汲み取るべき教訓

還暦を過ぎて、自分の人生を振り返ったとき、まず感じるのは〝運〟である。

本来なら運命と記すべきであろうが、運、あるいはツキと呼ばれるものが、大きく人生も左右したように思える。

戦争のさいにも、例えば昭和一七年六月のミッドウェー海戦に見られるごとく、「運」が勝敗を明確に分けたのであった。

ここに掲げた三隻の巨艦について言えば、すべてあまりに運が悪かったというしかない。

いずれもそれぞれの国の海軍が総力を挙げて建造したリヴァイアサン（大海獣）だが、それも一発の魚雷によって止《とど》めを刺されている。

排水量数万トンの戦艦が、これによって動けなくなることなど、誰が予想したであろうか。

〝運〟というものは、まさに人智を超越したものとしか言いようがなく、こうなると教訓など、なんの役にも立たないのかも知れない。

『ブラックホーク・ダウン』の戦訓

部族衝突が激化するアフリカ東端のソマリア国の平和回復のため、強硬派幹部の拘束に出動した米軍特殊部隊は、精強と最新装備を誇りながら、なぜ無残な敗北を喫したのか！

二〇人に一梃のＡＫ47

ソマリア（ソマリア民主共和国）。いわゆる〝アフリカの角《つの》〟に位置するこの国家について知る日本人は、きわめて少ない。

人口・九四〇万人（二〇〇二年）、国土面積・六三万七〇〇〇平方キロ（日本の約一・八倍）の黒人による国で、古くはエチオピアの一部であり、一九六〇年に独立を果たしている。

そのソマリアでは独立後も権力争い、部族衝突が続き、アフリカの国々の中では比較的資源に恵まれていながら、国情は一向に安定しないままであった。

とくに九〇年代の前半にいたると、首都モガディシオ周辺一帯で、

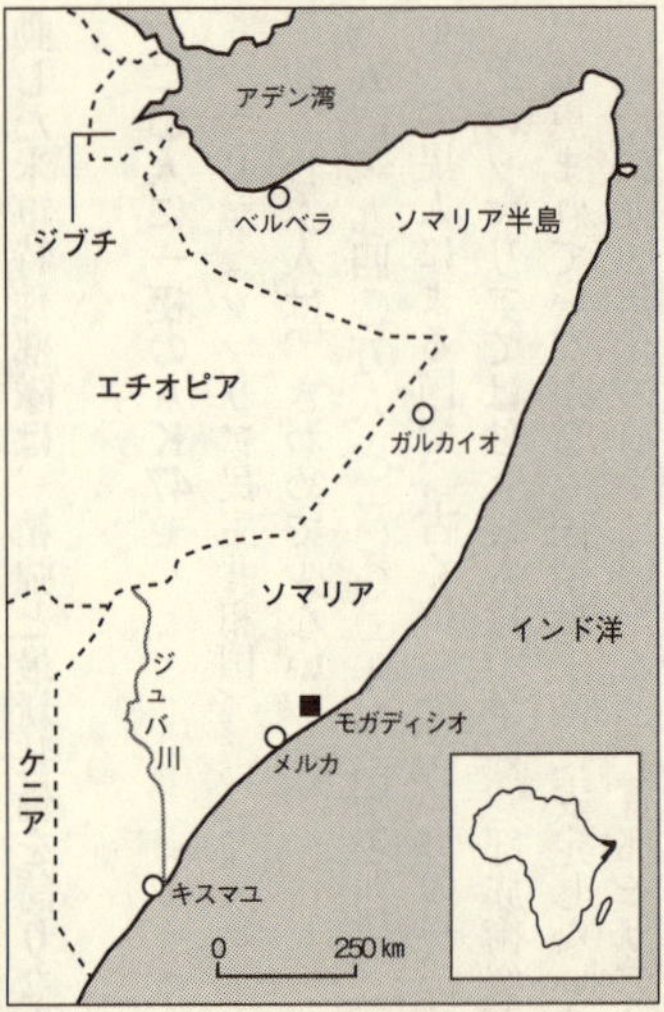

モハマド暫定大統領派
アイディード将軍派
の内戦が激化しはじめる。

もともとソマリアでは、同じファミリーネームを持つ氏族《うじぞく》の連帯意識が異常なまでに強く、他の氏族あるいは民族の支配をいっさい拒否するという状況であった。

モハマドとアイディード派の争いは近隣の多数の氏族を巻き込み、文字通り血で血を洗う惨状を呈する。このため九一年には、餓死者が三〇万人を超すありさまであった。

ここに国連はソマリアの平和維持活動に乗り出し、九三年五月には平和執行部隊ＵＮＯＳＯＭⅡ（United Nations Operation in Somalia Ⅱ／第二次国連ソマリア活動）を送り込む。

この中心になったのは、アメリカ軍であったが、ソマリアに対する平和回復活動については、すべての国連加盟国が諸手を挙げて賛成した事実を強調しておかなくてはならない。

アメリカはパキスタン、イタリアなどと共に多くの兵力を投入、この地に安定をもたらすべく行動を起こす。

このさい、もっとも重要な点は、氏族の武装解除、具体的には国民の二〇人に一梃の割で行きわたっているソ連製のAK47自動小銃、RPG対戦車てき弾発射器の回収作業であった。

とくにアイディード派の兵士は凶暴をきわめ、国連が送った食糧などの援助物資のほとんどをこれらの武器を用いて強奪しており、この事実からも武装解除を強行するだけの必要性が認められていた。

襲いかかる数千人の民衆

一九九三年一〇月三日、アメリカ陸軍の最強部隊レンジャー、特殊部隊デルタフォースに〝アイディード派の幹部を逮捕せよ〟との命令が下った。

これにより現地のアメリカ軍は、

レンジャー・第七五連隊の一部

デルタフォース・連隊不明のC中隊

をヘリコプターと車両でこの国の首都モガディシオの中心部に派遣することを決めた。

よく知られているように、レンジャー、デルタとも特殊戦の訓練を受けた世界最強の部隊といってよい。

また作戦遂行にあたって、AC130地上攻撃機、M113APC（装甲兵員輸送車）の投入が検討されたが、どちらも人口密集地であることを理由に却下された。

当初アイディード派の幹部数人を逮捕、拘束するだけの容易な任務と考えられていたものが、作戦発動直後からアメリカ軍が近年経験したもっとも激しい戦闘となる。

地上からの増援部隊が使用したハマー／ハンビー万能車

ここで、モガディシオにおけるアメリカ軍の作戦を、詳しく見ておくことにしたい。

参加人員は約一〇〇名、八機の軽武装ヘリ（OH－6カイユース）がエスコートする。

兵士はいずれも多くの経験を有し、装備も最新、かつ強力なものである。

さらに作戦を実施する地域は、駐屯地からわずか七ないし八キロしか離れていない。

相手は正式な軍事訓練など受けたことのない武器を持った民間人、あるいは民兵。

任務は会議に出席している数人の幹部の拘束。

つまりあらゆる条件は、アメリカ側に有利であり、なんの問題もなく作戦は二、三時間で終了するものと考えられていた。

ところが、アメリカ兵がヘリコプター、あるいは軍用車ハンビーで市内に突入すると、たちまち猛烈な戦闘が始まってしまった。

アイディード派の民兵、そして女、子供まで氏

アメリカ三軍で使用しているUH－60ブラックホーク

族の仲間を守り、アメリカ兵を殺そうと銃はもちろんのこと、ナイフまで振りかざして襲いかかってきたのである。

このときまでは、近郊の国連軍基地にいるアメリカ、イタリア、パキスタン軍と、モガディシオの現住民との間には、これといった摩擦は起きていなかった。

しかし、アメリカ軍が彼らの支配する町に足を踏み入れた瞬間から、ソマリア人との軋轢《あつれき》は一挙に高まり、十数時間におよぶ死闘が開始された。

つまり、最強のアメリカ陸軍部隊一〇〇名に対して、数千人の人々が手当たりしだいに襲撃しはじめたのである。

アイディード派の人々にとって、アメリカ軍は自身の権益、支配権、それどころか自尊心まで奪おうとしているごとく映ったのであろう。

そうでなければ、女性までが敵意をたぎらせて立ち向かってくるとは考えられない。

まず一機のUH－60ブラックホークヘリコプターが、RPGの攻撃によって撃墜される。

さらに地上部隊のトラックも炎上し、次々とアメリカ兵に死傷者が出た。ベテランの兵士からなるレンジャーとデルタフォースではあったが、相手は数千人の民兵であった。

目的の幹部数人の拘束には成功したものの、アメリカ兵は市の中心部に孤立してしまい、全く身動きがとれない。

重火器は保有しておらず、小銃の弾薬も携行している分だけである。

市街地の戦いとあって補給も不可能。

そのうちに二機目のブラックホークが射ち落とされ、これは中央の広場にその巨体を横たえることになった。

上空には四機のOH－6指揮管制ヘリコプターと、同数の軽攻撃ヘリ〝リトルバード〟がとどまり、次々と無線で指示を送ってくるが、いかんせん相手の数が多すぎる。

またソマリア人たちは、仲間が目の前でアメリカ兵の銃弾、ヘリコプターからのロケット弾で次から次へと倒されようとも気にすることなく接近戦を挑んできた。

そのため、たとえ損害率は一対一〇であっても、アメリカ軍部隊の死傷者もそれなりに急増していく。

基地から掩護に飛来した攻撃ヘリも、市街地の戦いとあって思う存分能力を発揮できない。

管制ヘリからの報告でレンジャー、デルタの危機を知った国連軍はすぐに救援を派遣しようとしたが、編成に手間取っていた。

この地にいたUNOSOMⅡは、前述のごとくアメリカ、イタリア、パキスタンの混成部隊であり、言葉も異なっているのに加えて指揮系統もはっきりせず、なかなか出動できない。結局、一〇月四日の未明になってからM60戦車を中心としたイタリア軍、増強されたアメリカ軍レンジャー部隊が出発、四時間かけて包囲されていたアメリカ軍を救出したのであった。

しかし、十数時間の戦闘によってアメリカ軍の受けた損害は思いのほか大きかった。

兵士の損害／死亡一八名、負傷四四名

全損／ヘリコプター二機、車両七台

におよび、作戦を立案、命令したガリソン少将は以後進級することはなかった。

一方、ソマリア側はもっぱら人的損害のみで、死亡五〇〇名弱、負傷一〇〇〇名と推測されている。

もともと兵士、一般人の区別はもちろん、きちんとした戸籍もないのだから、正確な死傷者数など判明するはずもない。

ビデオに撮られた市街戦

この一九九三年一〇月初旬の戦闘については、次の事柄から戦史に残るはずである。

（一）指揮管制ヘリコプターが、上空から戦闘の模様をすべてビデオに収録しており、きわめて正確な記録が存在していること。

(二)最強の部隊を、比較的簡単な任務に投入するだけに、UNOSOMⅡのアメリカ軍上層部は作戦の成功を疑っても見なかったが、結果は思いもよらぬ惨状となった。
(三)敵の戦力の見積りが誤っているかぎり、いかに最新の装備を持ち、充分に訓練を積んだ部隊といえども苦戦は免れない。
またより小さなところでは、アメリカ軍にとって具体的、かつ貴重きわまりない戦訓が得られている。
(一)大量に用いられている軽軍用車ハンビーが敵の攻撃に弱体であること。これは数年後のイラク駐留においても同じ状況であった。
(二)旧共産圏で製造されたRPG2および7型は優れた兵器で、西側にはいまだこれに匹敵するものはない。
(三)いかに防御力に留意して設計されたとしても、ヘリコプターは敵の砲弾、銃弾に対して脆弱《ぜいじゃく》である。
そしてイラク駐留アメリカ陸軍を見ていると、この戦訓のすべてがあまり活かされていないように思えるのは、一人筆者だけであろうか。

結局、この戦闘のあと、アメリカも国連も、もはやソマリアの内戦に介入し、それを止めようとする意欲を完全に失った。

アメリカ以外にパキスタン軍もアイディード派の攻撃によって二十数名の兵士を、さらにイタリア軍も数名を失っている。

こうなってはUNOSOMⅡは完全な失敗であることが明白になり、世界中の支持と期待を集めて実施された『希望回復作戦』は見事に挫折したという他はなくなった。

国連はすぐに撤退を決め、九四年三月、この地からブルーのヘルメットは姿を消したのであった。

最もリアルな戦争作品

さて、このソマリアにおけるアメリカ陸軍のレンジャー、デルタの戦いぶりを取り上げたのには理由がある。

前述のごとく、この戦いはアメリカのマスコミがいうように、あらゆる戦闘の中でもっとも詳細かつ正確に記録が残るものであり、

○書物としては、

『強襲部隊』M・ボウデン／早川書房（原書名はブラックホーク・ダウン）

○映像としては、

『ブラックホーク・ダウン』／ポニー・キャニオン・DVD

となっている。なおこの映画『ブラックホーク・ダウン』は、アカデミー賞の音響・編集部門で最優秀賞を獲得している。

ともかく、このどちらも参加者の氏名、負傷の程度、作戦の立案・準備から戦闘の状況、最終結果まで実に詳しく説明されており、現在では数少なくなった〝市街戦〟の全貌をすべ

て我々に教えてくれる。

筆者はなによりも、我が国の陸上自衛隊の隊員諸兄に階級を問わずこの本を読み、映画を見ることを強くおすすめしておきたい。

場合によっては、一〇〇冊のテキストにまさると考えられるのである。

加えていえば、いかなる日本の作家、ノンフィクションライター、映画監督であっても、『ブラックホーク・ダウン』をこのような形で残すことはできないと考えられる。

これこそ本、映画ともに本当の戦争にもっとも近いところに位置する作品なのだから……。

さて、このこと自体〝戦場における小失敗〟とは無関係ながら、ソマリアのその後について書き記しておきたい。

国連軍の撤退後も内戦は延々と続いており、わが国の外務省の情報によると、世界中でもっとも危険な地帯とのことである。

アイディード将軍は九六年八月二日に戦死しているが、それでも戦争は一向に終わる気配を見せず、時折、この国を訪れるボランティアの人々さえ、無事では済まない状態にある。

したがって国連はもちろん、他の民間組織もソマリアについては、いかに餓死者が多く出ようと、もはや「触らぬ神に祟《たた》りなし」という態度である。

われわれもまた、地球上にはどのような善意であっても、全く受け入れようとしない国家があり、人々がいることを、あらためて知るべきであろう。

汲み取るべき教訓

このモガディシオの戦闘から学びとるべきものは、一体なんであるべきなのか。

そのひとつは言うまでもなく、数の力である。たとえ最高度の訓練を受け、最新の装備を身につけていても、相対的な数に大きな差がある場合、勝利は得られない。

その比率が問題となるが、これはケース・バイ・ケースで判断すべきだろう。

しかしより重要な訓練は、国際的に行動のための同意が得られていたところで、その地方の地縁、血縁、宗教的結び付きの前には無力であるという事実である。

悲惨な状況を目の前にして、それらに直面している人々を救おうとしたところで、相手が援助を受け入れようとしないかぎり、行動は不可能なのであった。

いわゆる人道的行動さえ、場合によっては敵と見なされる現実を、ソマリア紛争という争いが世界に教えたと見るしかなさそうである。

〝優柔不断〟がまねいた大損害

ベトナム戦争がピークを迎えた一九六八年初頭、共産軍は大規模な攻勢作戦を行ない米海兵隊が守る前線基地ケサンにも危機がせまったが、米軍はこれに対して史上最大の爆撃作戦を発動！

空の守りがない地上軍

一九九一年の湾岸戦争においてアメリカ軍は多国籍軍と協力し、イラク本国ならびにクウエートを占領しているイラク軍に対して猛烈な爆撃を行なっている。

この一月一七日～二月二八日までの約四〇日の間に、イラク軍に向けて投下された爆弾、ミサイル、ロケット弾の総量は、アメリカ軍だけで、

九・二万トン

二二万八〇〇〇発

であった。

これに加えてイギリス、フランス、サウジアラビア空軍も爆撃を実施しているから、その総量は一〇万トンにおよぶと思われる。

このように大量の爆弾、ミサイルの雨を浴びせられては、いかに多くのAFV（装甲戦闘車両）を揃えた中東最強のイラク軍といえども、ひとたまりもなかった。

本国の被害を別にして、爆撃によって三五〇〇両以上の車両と三〇〇〇門の火砲、そして一・五万人の兵員を失ったと推測されている。

ともかく味方の空軍力、とくに迎撃戦闘機が皆無に近い状態で一方的に攻撃されたら、充分に訓練を積み、装備に優れた地上部隊であっても、その戦力を維持することは難しい。

こうなったら早々に持てる力を分散して、相手の攻撃を避けるしかないのである。

もし地上部隊の指揮官が、これに気付かずにいると、思いもよらない大きな損害を被ることがある。

ここではこのような失敗の実例をさぐってみよう。

一九六一年の初頭から本格化したベトナム戦争のピークは、それからちょうど七年後、いわゆる〝テト攻勢〟として歴史に残った。

戦力を充実させた南ベトナム民族解放戦線と、北方から侵透していた北ベトナム正規軍は、この年の二月一日から南全土で大攻勢に出た。

この時の主戦場は、

南の古都で大学町のフエ
首都サイゴン市内
南北ベトナムの国境のケサン
であった。
ケサンは北緯一七度線のすぐ南に位置し、またカンボジアへ通ずる九号道路に近い。
アメリカはここに最精鋭の海兵隊二コ連隊を配備し、南下する北ベトナム軍に睨みを効かせていた。
他方、北ベトナム軍にとってケサンはまさに目の上のコブであり、これが存在し続けるかぎり南下の情報は敵に筒抜けとなる。
さらに近くを通るもっとも重要な補給路ホー・チ・ミン・ルートの障害ともいえ、なんとしても壊滅させる必要があった。
こうして、ケサンはテト攻勢時における最大の激戦地と化していくのである。

六二〇〇名VS四万二〇〇〇名

この時期、北から見るかぎり、たしかにケサンを陥落させるには絶好のタイミングと言えた。

南ベトナム全土で解放戦線、北ベトナム軍が攻撃を仕掛けている。

アメリカ軍はこの対応に追われ、ケサンに危機が迫っても救援にまわせる余力がない。

北の首脳はこれを見越して、ケサンを狙っていた。

一九六八年春の段階で、この基地に駐留していたのは、
アメリカ海兵隊第九、第二六連隊＝五八〇〇名
南ベトナム政府軍レンジャー部隊＝四〇〇名
合わせて六二〇〇名である。

なお基地の面積は東西一・八キロメートル、南北〇・八キロメートルで、中央に長さ一二〇〇メートルの滑走路一本がある。

加えて周辺に四ヵ所前進拠点が設けられ、これらをふくめると一辺が五キロの四角形を構成していた。

位置が位置だけに、アメリカ側としては近いうちに必ず北ベトナム軍の大攻撃が開始されると予想し、それだけに周到な準備がなされていた。

この状況もあってケサンは、ベトナムでただ一ヵ所〝戦闘基地＝コンバットベース〟と呼ばれていたのである。

もちろん攻める側の北軍首脳も、この事実は当然把握していたので、一万五〇〇〇名からなる正規軍師団四コ（計四万二〇〇〇名）を攻略のために用意した。

これらのうち、第三二五師団（北方より攻撃）と三〇四師団（西と南より攻撃）が直接ケサンを攻撃する。

また第三二〇師団は、万一アメリカ軍の増援部隊が接近してきた場合に備えて北部で待機

する。

また戦略予備としては、第三二四師団があった。

北ベトナムが正規師団四コをひとつの地域に投入するのははじめてで、それだけケサンの存在が大きかったということであろう。

長距離砲の集中と大爆撃

さて、北ベトナム軍の二コ師団による攻撃は、六八年の年明けと共に本格化した。

北軍の持つ重火器は多いとは言えなかったが、そのかわりB10ロケット砲、大口径迫撃砲を大量に保有していた。

加えて二万名（予備二万名）を超す兵員は、まさに「攻者三倍の法則」を充分に満足させていたと言い得る。

つまり堅く防御された大規模陣地の占領には、攻撃側は守備側の三倍の兵力を必要とするというものである。

北ベトナム軍はこの豊富な戦力を使って、少しずつだが着実にケサン基地に接近をはかった。

歩兵の前進をロケット砲、迫撃砲が支援し、一定の距離を進むとそこに塹壕を掘る。

そして敵の銃弾を防ぐため、その塹壕を少しずつ掘り進み、アメリカ軍の陣地に近づいていく。

この戦術には大きな成功例があり、北ベトナム軍はこれを正確に踏襲していた。

一九四五〜五三年のインドシナ戦争のさい、当時ベトミン（ベトナム独立同盟）軍と呼ばれていた軍隊は、一・五万名のフランス兵が守るディエン・ビエン・フー要塞をこれによって陥落させたのであった。

四・五万名のベトミン兵は数ヵ月を費やして徐々に塹壕を掘り進め、次々とフランス側の拠点を手中におさめていった。

最後にはフランス軍の本部の数十メートル付近まで、これによって近づくことが出来たのである。この事実は広く知られていただけに、北軍の攻勢と共に、

「ケサンは第二のディエン・ビエン・フーになるのか」

とする記事が世界中の新聞を賑わせはじめていた。

兵力は四万名対六〇〇〇名だから、いつ陥落してもおかしくはない。

こうなれば、ベトナム戦争におけるアメリカ軍の最初の敗北になると共に、膨大な数の捕虜が出ることになる。

危機感を大きくした駐留アメリカ軍の上層部は、すぐに救援部隊を派遣しようと試みたが、前述のごとく兵力に余裕は全くなかった。

そこで別な手段をとることになった。

そのひとつは、長距離砲の集中による掩護射撃で、基地の東に砲撃支援基地（FSB）キャンプ・キャロル（CC）を設営する。

北ベトナム軍がケサン基地の砲撃に使用した122ミリ野戦カノン砲

ＣＣ・ＦＳＢには、口径一五五、一七五、二〇三ミリといった大口径砲一〇〇門が勢揃いし、昼夜を問わず砲弾を基地を包囲している北ベトナム軍に向けて射ち込む。

これらの火砲は一〇ないし一五キロの遠方まで、砲弾を送り込むことができた。

他のひとつは空軍、海軍、海兵隊、南ベトナム空軍機を動員した大爆撃作戦である。

六〇〇〇名の海兵隊員が危機に瀕しているのであるから、この爆撃はまさに史上最大の規模で実施されることになる。

作戦のコードネームは〝ナイアガラ〟。

いうまでもなくアメリカとカナダの国境に位置する、世界最大の瀑布である。

こう名付けただけに、まさに爆弾を滝のごとく落とすことになる。

出撃するのは、

南ベトナムのアメリカ軍基地から一八〇機

隣国のタイの三つの基地から一二〇機
太平洋上のグアムの基地から七〇機
トンキン湾の空母群から二七〇機

これらの六四〇機に加えて、南ベトナム空軍の数十機が参加する。

なかでも主役となるのは、一度に三〇トンの爆弾を搭載可能なボーイングB52大型爆撃機で、これはグアム、タイ、つまりベトナムの両側の地域から爆撃を行なった。

頭上に降りつづく弾雨

二月に入り、北ベトナム軍が全力を傾注する大攻撃が開始される。

この中でアメリカ海兵隊の輸送機とヘリコプターは、損害を覚悟の上で決死の補給を続けている。

これと共にアメリカはついに〝ナイアガラ〟を発動し、強引に基地へ突入をはかる北軍を徹底的に攻撃した。

一方、空軍力が皆無の北軍としては、基地へ接近すればするほど空爆による損害を避けることができるので、遮二無二攻撃を急いだ。

なぜなら敵味方の距離が短くなれば、航空攻撃、そして長距離砲の射撃もやりにくくなるからである。

第三二五、三〇四師団の指揮官は、このため強引に部隊を前進させた。

これを知ったケサンの海兵隊司令部は、一五、六名からなる観測班を多数編成、敵の部隊の正確な位置をさぐることに専念させた。

同時に地図上の位置を示すグリッド（格子《こうし》）を小さくし、砲撃、爆撃する必要のある場所を細かくキャンプ・キャロルや、航空部隊に知らせる。

これが正しいかどうかが、ケサンの命運を左右するのである。

二月の初めから、この情報にもとづく鉄の雨による反撃が開始された。

それまでにも増して猛烈な砲撃が、北の歩兵の頭上に降り注いだ。

密林に潜む敵を攻撃するアメリカ空軍機

基地の防衛線の真近な場所には無数の戦闘爆撃機が、さらに少し離れた森林の中で待機している予備師団（第三二〇、三二四師団）に対してはB52が絶え間なく攻撃する。

この状況を見て、攻める側の高級指揮官たちに初めて迷いが生じた。

多大の犠牲を覚悟で四コ師団のすべてを投入し、力攻めでケサンを陥落させるか、それとも砲弾、爆弾の雨を避けるためいったん撤収するか。

本国の軍首脳を巻き込んで、これに関する議論は延々と続いたらしい。

決断が示されないため、前線の北ベトナム軍は、その場所に留まることを余儀なくされていた。

こうなるとアメリカ軍は、それをただちに読み取り、最大規模の砲爆撃を続ける。

二月中旬の一日には、三二〇〇発を超す砲撃と、一三〇〇ソーティ（出撃回数）の爆撃が、塹壕に籠るか、森の中に潜む北軍に対して行なわれた。

北軍としては、長距離砲はもともと少なく、対空砲、対空ミサイルも皆無に近いので、一方的に打たれ続けるだけであった。

それは大柄なボクサーがリングの上でロープにもたれかかったまま、ダウンもせず、相手の打撃に耐えているような状況に似ていた。

そして二週間後、ついに北ベトナム軍の指揮官はケサンの占領をあきらめ、戦場からの撤退を決めた。

しかもこれは弾雨の中で実施されるのであるから、ここでも損害は免れなかった。

三月の初めになると、北緯一七度線のすぐ南にあるケサン盆地には静けさが戻ってきた。

海兵隊はもちろん、西側世界はようやく胸をなで下ろすことになったのである。

七七日間におよんだケサンの激戦における防衛側の損害は、
アメリカ軍――戦死二七四名、負傷七七四名

南ベトナム軍——戦死一二四名、負傷二八七名　計一四五九名

であった。

他方、北ベトナム軍のそれははっきりしないものの、死傷者合わせて一万八〇〇〇名といわれている。つまり一〇倍以上の人的損害となってしまった。

このかなりの部分が、司令部の決断の遅れにあったのはいうまでもあるまい。

二週間にわたり急造の塹壕の中で、反撃の手段もないまま、砲爆撃に耐えなければならなかった将兵の気持ちはどのようなものだったのであろうか。

現在入手できる当時の北の指揮官の手記からは、『状況を迅速に見通し、早目に撤収すべきであった』という反省が明確に読みとれるのが唯一の救いと言えるかも知れない。

汲み取るべき教訓

大規模な戦いが山場にさしかかった折、それ以上戦闘を続けるべきか、それとも損害を考えて撤退すべきか、指揮官は迷いに迷う。

この場合の判断について、戦いの結果がわかったあと、評論家や研究者は後付《あとづけ》の理屈を並べる。

本書もそうなのだが、その時点における指揮官の心中はどのようなものなのだろう。

とくにそれが、祖国の命運を賭した戦闘となると、判断の重圧は推し測ることが出来ない。

こうなると、結果論から来る教訓など、あまり意味がなくなってしまう。

しかし、個人的な見解としては、状況を可能な限り把握した上で積極的に出る方が良さそうな気がする。

もしケサンの戦いで、北ベトナム指揮官がこのように決断すれば、ベトナムにおける勝利はより早く手に入ったかも知れない。

しかし結局のところ、それが正しかったかどうかは、時間と歴史が決めることなのである。

通用しなかった大敗北の戦訓

ミッドウェーの大敗によって、空母同士の戦闘における先制攻撃の重要性を学んだ日本海軍は、二年後のマリアナ沖海戦で、その戦訓を活かして敵に先んじて大攻撃隊を発進させたが……

先手必勝の空母対決

我が国において〝機動〟という言葉が使われはじめたのは、いつごろからであろうか。

この機動を広辞苑で調べてみると、『交戦の前後や交戦中の軍隊が行なう戦略上、戦術上の移動または運動。転じて、状況に応じたすばやい活動』とある。

これはその言葉をうまく説明しているが、実際にはもう少し狭い意味でも使われている。

例えば、

陸軍では機動野砲——自動車で牽引できる高初速の野砲、対戦車砲
海軍では機動部隊——航空母艦を中核とした規模の大きな艦隊
といった具合である。

とくに後者では、太平洋の戦いにおける戦力の中心として明確に示していた。

そして日本海軍の機動部隊は、昭和一七年中に四回、アメリカのそれと激突する。

アメリカ海軍は必ずしも〝機動部隊〟という言葉は使わず、タスク・フォース＝Task Forceであり、これは任務部隊という訳の方が正しい。

しかし、タスク・フォースの中に、複数の空母がふくまれていれば、機動部隊としてもおかしくはなかろう。

日米機動部隊の最大の戦いは、同年六月のミッドウェー海戦で、この戦いは日本側の大敗に終わった。

互いの空母は日本四隻、アメリカ三隻と前者が優勢だったにもかかわらず、日本は四隻のすべて、米は一隻を失ったのである。

広く知られているように、この海戦は太平洋戦争の帰趨を決めたものとも言われている。

さて、ミッドウェーの敗北の最大の原因は、一にも二にもアメリカ艦載機による〝先制攻撃〟にあった。

日本軍の空母が攻撃隊を発艦させようとした直前、ドーントレス急降下爆撃機が次々と命中弾を与えたのである。

空母赤城に二発、加賀に四発、蒼龍に三発命中した一〇〇〇ポンド（四五四キロ）爆弾は、甲板上の爆弾、魚雷を誘爆させ、日本の機動部隊を壊滅させた。

あと一時間、いや三〇分、アメリカ側の攻撃が遅かったら、勝利は日本側に転がり込んだものと思われる。

つまり空母対空母の戦いにおいて、もっとも重要な点は、

（一）一刻も早く敵の空母の位置を知ること

（二）一刻も早く艦載機を出撃させ、敵の空母を無力化すること

と考えられる。

言ってみれば「先制攻撃こそすべて」なのであった。

ミッドウェー海戦に敗れた日本海軍は、この戦訓を身をもって学んだ。

そしてそれからちょうど二年後、再び日米機動部隊の激突の時が訪れる。

しかも舞台は、ミッドウェー島からそれほど離れていないマリアナであった。

理想的な形で海戦勃発

サイパン、グアムなどに代表されるマリアナ諸島に、アメリカ軍が来襲したのは昭和一九年六月のことであった。

まさに日本軍のいうところの〝絶対国防圏〟の一角であり、とうてい座視するわけにはいかなかった。

このため日本海軍は持てる全戦力を投入して、アメリカの大機動部隊を撃滅するべく出撃した。その戦力は別表のとおりである。

攻撃の主力である航空母艦の数は日本九隻、アメリカ一五隻とかなり差があったものの、日本側には第一航空艦隊の陸上基地航空機三五〇機が準備されていたから、必ずしも不利とは言えなかった。

もちろん、冷静に現在の時点から両者を比較すれば、

（一）レーダーの性能

（二）航空機搭乗員の練度

（三）対空砲の精度

などに大差があり、日本側は大きなマイナス面をかかえてはいた。

それでも合わせて一〇〇〇機近い日本側の空母艦載機と陸上基地航空機が協力しあってうまく戦えば、海戦の勝利も決して夢ではなかったのである。

そして、そこで重要なのは、なによりも先制攻撃と思われた。

ただ現実には、第一航空艦隊の三五〇機が、海戦の数日前にアメリカ艦隊と戦い、大きな損害を出していた。

六月一五日からの戦いで大半が破壊され、可動機数は三十数機と一〇分の一にまで減ってしまったのである。

海戦の勃発にそなえて温存していたことが、ここでは圧倒的な不利を招いていた。

このため日本艦隊は、陸上からの航空支援なしで、大戦力のアメリカ艦隊と戦わざるを得なくなった。

しかし――。

六月一九日から開始されたマリアナ沖海戦、つまり日本側が〝あ号作戦〟と呼んだこの戦いにおいて、日本海軍の機動部隊は理想的な形に持ち込むことに成功する。

この日の早朝、四〇機を超す索敵、偵察機を発進させたところ、約六〇〇キロ離れた地点に三群からなる空母部隊を発見した。

マリアナ沖海戦の日米戦力比較

	日本海軍	アメリカ海軍
正規空母	3隻	7隻
軽空母	6隻	4隻
護衛空母	なし	4隻
戦艦	5隻	7隻
重巡洋艦	11隻	8隻
軽巡洋艦	3隻	12隻
駆逐艦	28隻	55隻
潜水艦	4隻	12隻
艦載機	600機	1100機
基地航空機	350機	なし
航空機合計	950機	1100機

一方、アメリカ側も多数の偵察機を放《はな》ってはいたが、日本艦隊を見つけるに至っていない。

この状況から、情勢は一挙に日本側に有利となった。

それからしばらくして、アメリカ潜水艦が日本艦隊を発見したものの、この情報は友軍の機動部隊に伝わらなかったようである。

ついに日本側の空母部隊は、次から次へと攻撃隊を発艦させる。

目標までの距離はかなり遠いが、ミッドウェーの失敗を学び、先制攻撃が実現したのであった。

この日の午前中だけで、実に、

戦闘機一〇九機（零戦）

戦闘爆撃機七八機（爆装零戦）

攻撃機五〇機（天山）

爆撃機八九機（九九艦爆、彗星）

と、三二六機を敵の妨害を全く受けないままに送り出すことに成功した。

防空に専心した米艦隊

三二六機という数は、開戦時の真珠湾攻撃に匹敵する大攻撃部隊である。

日本側上層部としては、これらの艦載機が無事発艦した時点で〝絶対的な勝利〟を信じたに違いない。

なにしろ敵の攻撃を受ける前に、三〇〇機を超す攻撃隊を発艦させ、あとはただこの結果を待つだけといった状況を作り出したのだから……。

まさにミッドウェーの戦訓は、見事に活かされたという他はない。

けれどもこのあと、いくら待っても戦果の報告は伝えられてこなかった。

なぜならアメリカ側は、日本の機動部隊を発見できなかったことから、短時間のうちに戦術を完全に変更したのである。

マリアナ沖において撃墜された銀河。前方は空母キトカンベイ

艦上攻撃機、爆撃機の代りに、大量の戦闘機を配備し、これらと精度の高いレーダーを組み合わせて完璧な防空体制を敷く。

少なく見積っても四〇〇機に達する強力なグラマン戦闘機が、艦隊の一〇〇キロ前方で、日本編隊を迎撃した。

レーダーによって誘導され、有利な位置から襲いかかってくる戦闘機の大群によって、日本機は次々と撃墜されていく。

さらに戦闘機の防御スクリーンを突破しても、そこには艦艇の正確な照準の対空砲火が待ちかまえていた。

このようにして日本側の勝利への希望は、泡のごとく潰えるのであった。

わずか一日だけで、出撃機の約六割、一九〇機が失われ、しかも三隻の大型・正規空母のうち二隻が潜水艦によって沈められた。

そして翌日になると、アメリカ空母機による逆襲が開始され、軽空母飛鷹が撃沈される。

戦いが終わってみると、出動可能な航空機はわずか六〇機に減っていた。

アメリカ側の損害は、艦艇の損傷三隻、航空機九〇機のみである。航空機の大部分は、攻撃後の帰投時間が日没以後となり、海上に不時着水して失われたものであった。

この戦いで日本側は六次にわたる攻撃隊を送り出したが、その半数は敵艦隊を発見できないまま、敵戦闘機により損害を出している。

これは残念ながら、搭乗員の練度不足という他はなかろう。

目に見えない戦力の差

ただ、この稿の主旨は、マリアナ沖海戦の敗因を探ろうとするものではない。

先の敗北を徹底的に分析し、その反省に立って敗北を繰り返さないように最大限の努力を払っていても、失敗するときは失敗するという事実を強調したいのである。

このマリアナ沖海戦における彼我の戦力比は、数値から見るかぎりそれほどの大差はなかった。

数え方にもよるが、ほぼ両軍の空母の数と同じ、つまりアメリカ一五、日本九あるいは一〇といったところか。

したがってうまく戦いさえすれば、勝てる可能性は充分に存在した。

しかしながら実際には、目に見えず、数字に表わしにくい部分で、アメリカ軍は日本軍を大きく上まわっていた。

先にも記したが、搭乗員の質、レーダーの精度、対空砲の威力に加えて、作戦に対する柔軟性が強敵である日本海軍機動部隊の背骨を打ち砕いたのである。

その結果、あらゆる条件で日本軍の圧倒的有利のうちに始まったこの海戦が、瞬く間にアメリカ側の圧勝に変わってしまった。

日本海軍がミッドウェー以後、夢にまで見た理想の海戦が実現したにもかかわらず、勝利は相手の側にあったのである。

こうなると、このマリアナ沖海戦の敗北の教訓をどう活かすべきなのか、全くわからなくなる。

ともかく目に見えない、数に数えられない形の優れた戦力を持つ敵と、数的に劣ったまま戦わなくてはならないのだから。

このマリアナ沖海戦が大敗に終わった後、日本としては戦う術《すべ》の大部分を失ったのであるから、どのような不利な条件であっても降伏、それが不可能なら休戦を申し出るべきであった。

もはや戦力の差ではなく、レベル／水準が異なってしまって、どうにも手の打ちようがない事実に上層部は当然気がついたはずなのである。

この意味から、太平洋戦争は昭和一九年の前半で終わっているべきだった、というしかない。

同時に、近代戦とはつくづく前線の戦いのみではなく、広義の国力そのもののぶつかり合いと痛感するのである。

汲み取るべき教訓

マリアナ沖海戦における日本海軍機動部隊は、ミッドウェー海戦の敗北の教訓を真摯に学び、緒戦については理想的な体勢に持ち込んでいる。敵を早く発見し、攻撃を受けるかなり前から自軍の攻撃隊を発進させ、まさに万全の形であった。

しかし――。

それにもかかわらず、敵はあらゆる面で量、質とも段違いであり、かつ極めて柔軟な思想に支えられていた。

それ以前の機動部隊同士の戦いである、昭和一七年一〇月の南太平洋海戦の後に、その差はあまりに大きく、日本側としてはすでに打つ手がなくなっていた。

マリアナ沖海戦はこの意味から、以前の戦いの教訓など全く役に立たないという希有の例なのであった。

〝片手を縛られた〟北爆作戦

アメリカ軍は共産圏から北ベトナムへの支援ルート遮断をねらって北爆を開始――だが、戦争の拡大を危惧したため作戦には制限が課せられ、重要拠点は無傷のままだった！

物資の流れを喰い止める

一九六一年から本格化しはじめたインドシナ半島の戦いは一四年にわたって続き、ベトナム戦争、あるいは第二次インドシナ戦争と呼ばれることになる。

朝鮮戦争（一九五〇～五三年）と共に、第二次世界大戦後に起こったこの大戦争は周辺の国々を巻き込んで、多くの悲劇を引き起こしている。

それはそれとして、当時の社会主義陣営がその勢力を拡大しようとしたことが、戦争のもっとも大きな原因であったのは、現在の視点から疑いようのないところである。

これを多分に強引ながら阻止しようとしたのがアメリカで、反共的な国是を掲げる韓国、

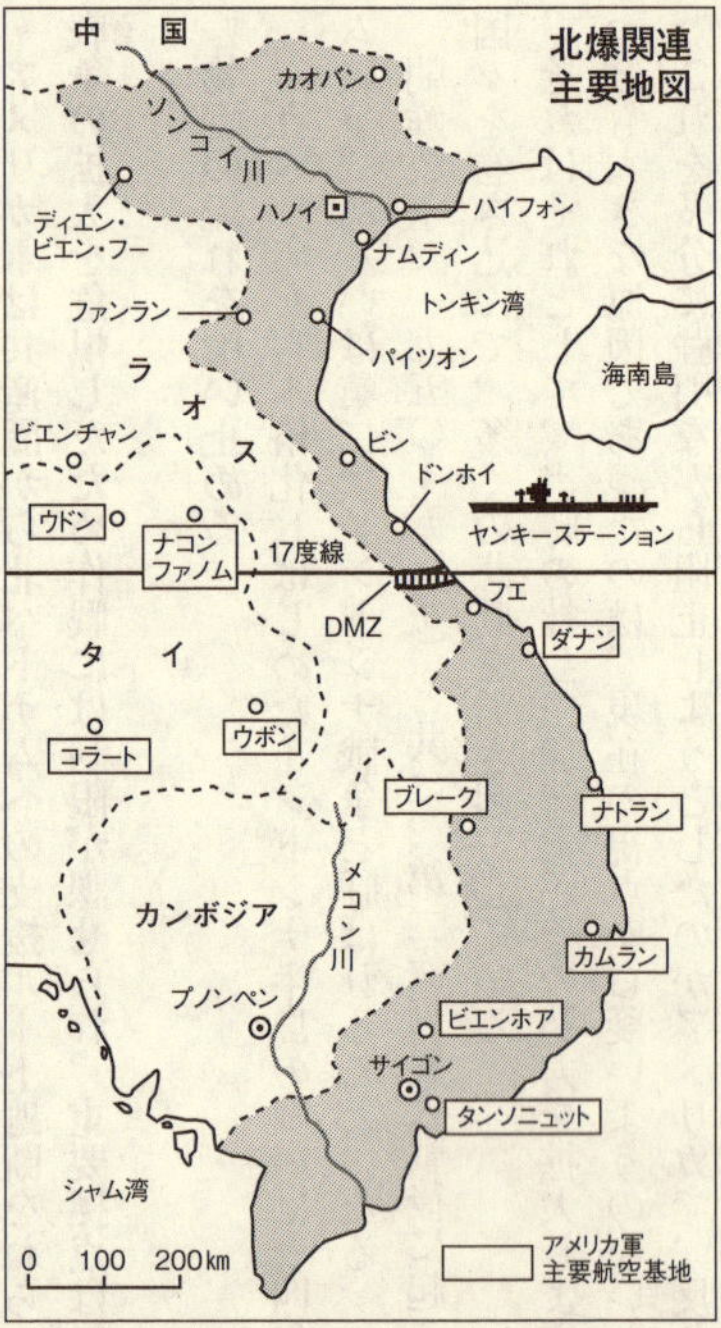

オーストラリア、ニュージーランド、タイ国の軍隊がこの側についた。

一方、南ベトナムの解放を唱える民族解放戦線NLF側を、まず北ベトナム、そして中国、ソ連などが支援し、戦争はエスカレート（段階的拡大）の言葉どおりの状況に陥っていた。

南ベトナム政府軍は一九六五年の段階で六〇万人以上の兵員を擁していたが、それでも一五万人前後の解放戦線軍、ならびに少しずつ南の領内に浸透してくる北ベトナム軍に押されつつあった。

そして二年後、アメリカが南を助けるべく本格的に介入してくる。

それを待っていたように、北ベトナム正規軍が共産側の戦力の中核となっていく。

ここに、

南ベトナム軍、アメリカ軍、多国籍軍

VS

解放戦線、北ベトナム軍

の図式が明らかとなる。

最大時には五〇万人のアメリカ兵が、インドシナ半島に投入されたものの、それでもなお戦局ははっきりしなかった。

中国、ソ連が大量の軍事物資を北に供与していたからである。

しかも約五万人の中国軍、五〇〇〇人の北朝鮮軍が北ベトナムに入り、予想されるアメリカの空爆に備えていた。

南領内の戦闘の激化にともない、アメリカは宣戦布告なしに北ベトナムの爆撃に踏み切り、これは〝北爆〟と呼ばれた。

この目的は、

北領内の施設への懲罰的な破壊

北ベトナム軍の戦力の削減

中国からの輸送ルートの遮断

であった。

なかでも中国からは陸路で、ソ連、東欧からは海路で北ベトナムに運び込まれる物資の流れを喰い止めることが、最大の目的である。

ハノイ大鉄橋の激戦

北ベトナムという国の産業の規模は決して大きいとは思われず、なかでも軍需物資のほとんどは東側からの援助に依存している。

したがってこれを絶ち切れば、解放戦線、北ベトナム軍ともに、南からの撤退を余儀なくされるはずであった。

一九六七~九年の間、一日当たり
陸路（道路・鉄道）で一万トン
海路（ハイフォン港中心）で三〇〇〇トン
が運び込まれたと推測された。

南ベトナム領内の戦闘で、いかに共産側の軍隊に損害を強要したところで、大量の物資が北の本国に補充されていては究極の勝利にはほど遠い。

このためアメリカ軍（一部に南ベトナム空軍も）は、北領内の補給ルートの遮断に全力を投入する。

空軍はもちろん、海軍、海兵隊の航空部隊、そして水上艦部隊も一九六八年頃から猛烈な攻撃を開始した。

首都ハノイと中国を結ぶ四本の鉄道、十数本の幹線道路の上空は、昼夜を問わずジェットエンジンの唸りと対空砲の轟音で満たされたのである。

この空対地の死闘の中心となったのは、ハノイ近郊の紅河／ソンコイ川にかかるハノイ大

北爆で破壊された北ベトナムの鉄橋

鉄橋であった。

フランス人ポール・ドマーによって架設されたこの鉄道・道路併用橋をめぐる戦いは、疑いもなく橋をめぐる史上もっとも激しいものといえる。

アメリカ軍は数十機規模の攻撃隊を幾度となく送り込み、橋の破壊を狙った。

一方、北ベトナム側は一〇〇〇門以上の対空砲、そして数十基の対空ミサイルＳＡＭをこの周辺に配備し対抗する。

ともかく橋のまわりは高射砲、高射機関砲（銃）陣地でうめつくされ、それでも足りず、河面にはしけを浮かべ、そこにも対空火器を載せるという状況であった。

前述のごとく、この橋をめぐる空と陸の攻防戦はまさに一冊の本を著《あらわ》すに足りるほどなのである。

鉄道、道路への攻撃も激しく、連日のごとく各所で通行不能となった。

しかし、北側は地域民間人を組織化すると同時

対空火器によって撃墜されたアメリカ空軍機

に、多量の資材を用意し、短時間のうちに修復する。

これはまさに時間とのイタチごっこだが、全般的には修理の速度が大きかったように思われる。

そこでアメリカ軍はこれを遅らせるため、通常の爆弾に混ぜて時限爆弾の投下にふみ切った。

破壊された鉄道、道路を修復しようとすると、乱数により時間設定された爆弾の爆発がそれを妨げるというわけである。

これに対して守る側は、危険を承知でまだ爆発していない爆弾を、迅速に処理するグループを編成している。

このように北ベトナムの各地で、凄まじいまでの戦いが繰り広げられているが、ただ一個所、兵器、資材の搬入が妨害もなく続けられているところがあった。ハノイの南五〇キロに位置するハイフォン港である。

この港は、当時の北ベトナムではここしかない国際港で、ソ連、東欧からの輸送船が連日のごとく出入りしていた。

列車やトラックとくらべて、船舶による輸送量は格段に大きい。

一隻の輸送船は一度に一万トンの物資を送り込むことができる。

鉄道では貨物列車／一編成一〇〇〇～一五〇〇トン

車両ではトラック／一台五トン

といったところであろうか。

アメリカとしては、この事実を知りながら、手の打ちようがなかった。

北ベトナムに対して正式に宣戦布告しているならまだしも、これがないかぎりハイフォンの封鎖も、停泊している船舶への攻撃もできないのである。

もし封鎖、攻撃を実施すれば、最大の後ろ盾であるソ連が黙っているはずはない。

さらにはフランス船も港に出入りしていて、いったんこれらがアメリカ軍の攻撃により損傷すれば、問題はより大きくなる。

このような事情から、ハイフォン港とその周辺地域は戦争の最中でも安全地帯であった。

これではいくら航空戦力を投入したところで、北から南への脅威の流入を阻止することは不可能なのである。

大規模機雷封鎖作戦発動

ベトナムで闘っているアメリカ軍は、ワシントンへハイフォン港への攻撃許可をたびたび申請するが、返事はいつも〝否《ノー》〟であった。

一向に進展しない戦況に嫌気がさして、アメリカ本国では戦争反対の声が次第に高くなっていく。

持てる戦力の三分の一以上をインドシナ半島へ注ぎ込んでも戦局は好転しないのだから、これは当然といえば当然であった。

逆に北としては、このままの状態が続くかぎり勝利は近いと確信していた。

そして、ついに六〇年代の終わりになると、和平への動きが活発となり、これがいわゆる「パリ会談」へとつながっていく。

それでも条件的になかなか折り合わず、アメリカとしては引きたくとも引けない状況に追い込まれていった。

その結果、一九七〇年代に入ると、アメリカはそれまで堅く守ってきた制限を取り払う手に出る。それらは、

○ハイフォン港をはじめとする全港湾、内水域への機雷封鎖

○攻撃禁止とされてきた〝聖域〟、たとえばハノイ中心部に対する爆撃

である。

これは一九七二年の五月から、ラインバッカー作戦として実現した。

この作戦の参加機は一万五〇〇〇機以上、六万トンの爆弾を投下した。

機雷敷設はB52大型爆撃機、水上艦艇、一部は潜水艦によって北ベトナム周辺の海域はも

ちろん、大きな河川に対しても行なわれている。

その数は数万個といわれ、短時間のうちにこの国の沿岸、河川を通行不能にしてしまった。ハイフォン港では荷揚げ中の船舶、沖待ちの輸送船も全く動くことができない。

そのうえ北ベトナム海軍は掃海艇も持たず、技術もなかった。

あわてて中国が掃海艇部隊を派遣してきたが、これまた高度な機能を持つアメリカ製機雷を排除できず、かえって二隻が沈没している。

このさいアメリカ側は、触発型は当然として、磁気反応型、回数攻撃型、振動感知型など数種類の機雷を敷設した、といわれている。

なかには最新の能動型もあったらしく、これはコンテナに納められたまま海底に設置され、船舶が接近してくると自動的にその内部から魚雷が飛び出し、攻撃するというものである。

プラスチック製のコンテナ、あるいはキャニスターに入れられていると、熟達した掃海部隊もかなり発見が難しい。

遅すぎた制約の解除

一九七二年春から行なわれた機雷封鎖は、別の面でも大いに有効であった。

年に数十隻もハイフォン港に入港していたソ連船、ポーランド船などは直接攻撃を受けたわけではないが、あまりに危険で全く動けなくなってしまったのである。

港内はもちろん、港外でも触雷の可能性が高く、とくに弾薬、爆薬を積んでいる船の船員たちは、この海域に近づくことさえ嫌がった。

さらに沿岸海上交通、内陸の河川交通も、航空機から投下された小型機雷によってほとんど断絶状態となった。

もちろん、この機雷封鎖が開始されると、ソ連、中国はアメリカに対して猛烈な抗議を行なったが、それはあくまで口頭、文書によるもので武力を伴ったものではなかった。

一方、アメリカ空軍、海軍はこの機を逃すまいと、これまで以上に激しく北爆を続けた。七〇、七一年と北爆は下火となっていたため、北ベトナムの受けた衝撃は大きく、また被害も拡大していった。

なかでもB52爆撃機を大量に投入したハノイ爆撃では、これまで無傷だった中心部が破壊されたのである。

この年の冬の訪れと共に、ラインバッカーII作戦が実施され、春に続いて北側の被害は天文学的な数字となった。しかも陸上の交通網への打撃は少なくなく、海上輸送は止ったままである。

このような状況がもう数ヵ月続けば、南領内の趨勢《すうせい》も変わり、もしかすると戦局の逆転もあり得た。

そこでついに北政府は、七三年の幕開けと共に、全面的休戦を決断する。

ここに、少なくともアメリカは、ベトナムの泥沼から足を洗うことが可能となった。

振り返ったとき、アメリカが早い段階、たとえば一九六八年二月の共産側のテト（＝旧正月）攻勢の直後から、機雷封鎖を行なっていれば、ベトナム戦争の帰趨は明らかに違っていたかも知れない。

それなのにアメリカ政府は、戦争がカンボジア、ラオス、さらにはタイまで広がることを恐れ、北爆に多くの制約を課した。

このため強大な力を持つアメリカ空軍も、当時の軍人が言うように、「片手を縛られてのボクシング」となってしまったのである。

戦争は出来得るかぎり避けなくてはならない反面、制約が多ければ多いほど勝利は遠去かるというのが、この教訓と言えるのではないだろうか。

汲み取るべき教訓

敗北ではなく、敗退という結果であったが、少なくとも大国アメリカにとってベトナム戦争は〝建国史上初めて敗れた戦争〟となった。

その敗因はいくらでも見出すことが出来ようが、最大のものは〝限定〟の二文字に絞り込むことが出来る。

兵力の増強、戦域の拡大と、なにをとっても制限が付きまとい、最強のアメリカ軍の足枷《あしかせ》となった。

このため、一時的には五〇万名を超す兵員を投入しながら、実力を発揮することなく停戦を迎えてしまった。

したがってこの戦争から学ぶべきものは、

『どうしても戦わなくてはならない状況に追い込まれたら、条件、制限を出来る限り取り払い、全力を投入する』

ということであろうか。

アメリカは、この事実をしっかりと把握し、次の湾岸戦争では制限なしに戦い、大勝利をおさめるのであった。

活かされなかった機甲調査報告書

日本陸軍は昭和一一年、ドイツへ戦闘車両の調査を目的とした視察団を送りこんだが、その調査結果を何ら活用することなく、ノモンハンにおける機甲戦で惨敗を喫することとなる！

情報の活用に失敗する

国家の運営方針から一般社会の有様まで、将来、あるいは近未来の方向を見定めることはかなり難しい。

努力を積み重ねて情報を集め、それらを分析して必要と思われる問題を把握、その後に対策を打ち出す。

この手法はどうしても避けられないはずなのであるが……。

とくに軍事の分野に関して言えば、一度方向を誤ると、それは次の戦争のさいに莫大な人命の損失に直結する。

したがって、どの国の軍隊も情報の収集にはかなり熱心であって、強大な国家ならそのための手間、労力、費用を惜しむものではない。

ただ、それが必ず危機に際して役に立つかどうかは別の問題といえ、せっかく有益な情報を入手していながら、活用できなかった例もまた多い。

ここでは、陸上戦闘の雄とも呼び得る戦車について、二つの失敗の事例を見ていくことにする。

この例のいずれもが、

○事前にそれに関する情報の必要性を痛感しており、

○そのための情報収集に努力し、

○分析と対策の重要性を理解していながら、

○それを活用できず、

少なからぬ損害を出してしまっている。

端的に言えば、持てる情報の活用に失敗したということである。

一、ノモンハン事件における日本陸軍の失敗

太平洋戦争勃発の数年前、旧満州とモンゴル国境で二度にわたり日本軍と旧ソ連軍の衝突が起こった。それらは、

（一）張鼓峰《ちょうこほう》事件

一九三八（昭和一三）年の初夏、ソ連、満州国、朝鮮が交わる地域で一ヵ月にわたって続いた国境紛争。

日本陸軍の第一九師団を中心とする部隊が積極的に進攻し、激戦が展開された。

ソ連軍は大量の火力を集中、歩兵を主力とする日本軍に損害を強要した。

（二）ノモンハン事件

一九三九（昭和一四）年五月から九月の、ソ連側がハルハ河戦争と呼ぶ大規模衝突で、日本軍五万名、ソ連軍四万名が広大な草原と砂丘地帯で闘った。

また砲兵、機甲部隊にくわえて互いの空軍も参加し、両軍合わせた死傷者数は、五万名近くにのぼるほどの明らかな戦争であった。

このノモンハンの戦いも張鼓峰事件と同じように、日本の歩兵対ソ連の戦車の対決となる。

航空戦、なかでも戦闘機の能力はソ連軍を上まわってはいたが、他の分野である爆撃機、偵察機では数の上で不利は免れなかった。

しかし、それ以上に差があったのは、戦車と装甲車である。

戦場の地形が平坦であるだけに、現在ではＡＦＶ（装甲戦闘車両）と呼ばれる戦車と装甲車は、大いに活躍している。

その数はソ連軍五〇〇～六〇〇台に対して、日本軍は一〇〇台以下であった。

しかも特筆すべきは、数の多い少ないだけではなく、〝質あるいは能力〟の問題である。

ヨーロッパのAFV情勢

日本陸軍の戦車は、たとえ最新式の九七式中戦車であっても、ソ連軍の戦車は言うにおよばず、装甲車にも太刀打ちできず、ほとんど役に立たなかった。

それぞれの能力を別表に示してあるが、日本軍AFVは、有効な対戦車火器、強力な戦車を持たない中国軍が相手ならまだしも、ソ連軍には全く手も足も出なかった。

このため戦闘の後半には、そのほとんどが前線から引き上げられるような有様である。

主力となる戦車の三要素、攻撃力、防御力、機動力のうち、どれかひとつでも相手を上まわっていれば、それなりに戦いようもあろうが、すべての面で劣っていたのであった。

ところで日本陸軍は、自軍の戦車と主要な仮想敵国であるソ連のそれを比較したことがあったのだろうか。

別な言い方をすれば、紛争が勃発する以前に、ソ連の戦車に関する正確な情報を握っていたのだろうか。

このあたりがノモンハンの戦いを分析するさい、非常に気になるところなのである。

これについて調べてみると、意外な事実が明らかになってくる。

日本陸軍はノモンハン事件の三年前、つまり昭和一一年一一月に、はるばるドイツまで戦闘車両に関する調査団を派遣している。

この調査団（機動兵団視察団）は戦車の専門家、エンジニアなどからなり、主としてドイツを中心に調査を行なった。
当時のドイツは、日本との友好の絆《きずな》を強めようとしていたから、最大限便宜をはかったものと思われる。

ノモンハンにおける日・ソ両軍の戦車の性能

項目および性能＼車名	八九式中戦車(日本)	九七式中戦車(日本)	九五式軽戦車(日本)	T26軽戦車(ソ連)	BT5中戦車(ソ連)
乗員数(名)	4	4	3	3	3
戦闘重量(トン)	13.5	15.0	7.4	9.4	11.5
接地圧(トン/㎡)	7.3	11.3	6.7	6.5	6.8
全長(m)	5.8	5.6	4.3	4.9	5.5
全幅(m)	2.2	2.3	2.7	3.4	2.2
全高(m)	2.6	2.3	2.3	2.4	2.3
エンジンの種類	D	D	D	G	G
エンジン出力(HP)	120	170	120	90	350
最高速度(km/h)	25	38	40	30	50
航続距離(km)	170	210	180	230	250
主砲口径(mm)	57	57	37	45	45
砲身長比	18.5	18.5	37.0	46.0	46.0
威力数(指数化)	100	100	130	196	196
装甲厚(mm)	17	25	12	25	22
登場(年)	1929	1937	1936	1931	1933

※エンジンの種類の D=ディーゼル　G=ガソリンを表す

詳細については、帰国後に提出された報告書が残っている。その内容は別にしても、次の項目は常識的に見て理解していたはずである。

○戦車砲は長砲身で、口径としては四七ミリ以上必要である。

○防御力から考えれば、近い将来、戦車の重量としては否応なく二〇トン以上となる。

○すでにヨーロッパで配備されている戦車を見るかぎ

り、これを撃破するためには、戦車砲と同じ威力の対戦車砲が多数必要となる。

当時、すでにソ連はBT5中戦車、T26軽戦車、ドイツはⅢ号戦車を持っていたから、調査団としてはこの三項はすべて把握していたと考えてもおかしくない。

しかしそれにもかかわらず、この調査報告が、機甲部隊の上層部、メーカーの技術者にわたったようにはとうてい思えない。

なぜなら、その後に登場した日本陸軍の主力戦車である九七式中戦車は、エンジンこそ多少強力にはなったものの、旧態依然の兵器であったからだ。

打つ手はあったはずだが

最新鋭の九七式中戦車でさえ、口径こそ五七ミリながら、わずか一八という小さな砲身長比の低威力戦車砲しか装備していなかった。

重量は一七トンと軽く、しかもこの戦車砲は、もはや旧式というしかない八九式戦車と全く同じものなのである。

相手は四七ミリ四六口径（砲身長比）の大威力戦車砲を、戦車だけではなくBA6装甲車にまで取り付けている。

また対戦車砲でも、日本軍は三七ミリ、ソ連軍は四七ミリとその威力に大差があった。

したがって、

○強力な戦車と威力の小さな三七ミリ対戦車砲

南方の戦場で撃破された日本陸軍の九五式軽戦車

○弱体の戦車と強力な四七ミリ対戦車砲の対決となり、これでは機甲戦で勝利を得る可能性など無いに等しかった。

視察団の報告からノモンハン事件までかなり時間があったのだから、なぜ日本陸軍は強力な戦車と対戦車砲を開発、整備しようとしなかったのだろうか。

新しいこの種の戦車を開発するのは無理としても、三七ミリ砲の砲架（砲を据えつける架台）を利用して四七ミリ砲を製造するとか、場合によってはドイツから輸入してもよい。

衝突の可能性が大きくなっているソ連陸軍の機甲部隊に対処する方法は、いくつもあったはずである。

さらには多数そろえていた七五ミリ野砲の一部を、対戦車用として転用することもできたはずだ。

しかし日本陸軍は、視察団の報告書を入手していながら、なんら手を打とうとしなかった。

日本陸軍の主力だった九七式中戦車を改良した一式中戦車

その結果、ノモンハンにおける歩兵は、数百台の群れをなして突進してくるソ連戦車によって、思うまま打ちのめされたのであった。

貴重な情報を得ていながら、それを活用しない者は、結局のところ無能という他はない。

判断を誤ったアメリカ軍

二、朝鮮戦争における戦車数予測の失敗

一九五〇年六月、暫定的な国境である北緯三八度線を越えて、一〇万名の北朝鮮軍が大韓民国に侵攻してきた。

これが以後一〇〇〇日にわたって続くことになる、朝鮮戦争の始まりである。

戦争はのちに三八度線を境に一進一退となり、五三年七月の休戦までに合わせて二五〇万人以上の死者を出す悲惨さであった。

さて、開戦と同時に侵攻した北軍は、わずか三日目にして南の首都ソウルを占領してしまった。

まさに電撃的な勝利と言え、韓国軍、そして駐留アメリカ軍でさえこの勢いをおさえ込むことはできないままであった。

この最大の理由は、優勢な空軍力を保有しない代わりに、大量に用意された北軍のT34戦車にあるといわれている。

強力な八五ミリ砲をそなえたこのT34の総数は一五〇台に達しており、これに七六ミリ砲装備のSU76自走砲を加えた北の機甲部隊は、米韓軍の歩兵を簡単に蹂躙した。

一方合わせて二五〇台近い戦車、自走砲に対抗するはずの南の戦車はどのようなものであったのであろうか。

韓国軍　戦車は皆無。三七ミリ砲を持つM8（6×6）装甲車約三〇台

在韓米軍　七五ミリ砲装備のM24軽戦車七〇台

のみであった。

重量三二トンの中戦車T34に対して、M8のそれは八トン、M24でも一八トンにすぎない。当然、防御力（装甲の程度）、機動力（エンジンの出力）からいっても、その能力には大差があり、米韓軍は手の打ちようがなかったのである。

戦争以前にもいくつかの軍事衝突が伝えられており、開戦は必至と見られていたのに、なぜアメリカは朝鮮半島に強力な戦車を配備しなかったのであろうか。

北がソ連の軍事援助を受けているにもかかわらず、アメリカ軍の上層部はこれに気付かないままであった。

あるいは二五〇台のAFVの存在を知りつつも、次のような理由から対処を怠ったのかも知れない。

それは、現地を充分に調べないままに、

「韓国の地形は、標高こそ低いが険しい山々が連なり、戦車の使用に適さない」

と簡単に判断してしまったものと思われる。

たしかに三八度線のすぐ北側はこのとおりであるが、南には大河漢江《ハンガン》がつくり出した平地が広がっている。

これはソウル周辺、そして南側の大田《テジュン》などを訪れてみれば、誰にでも理解できる。

このため、わずか三〇台のM8装甲車しか韓国軍に供与せず、また駐留アメリカ陸軍には当時にあって最強といわれていたM26／M46（共に九〇ミリ砲装備）を全く配備しなかったのである。

韓国では戦車は不要、とした軽率な判断が、緒戦における米韓軍の大敗につながった。

開戦後、W・F・ディーン少将が北軍の捕虜となってしまったが、これはアメリカ軍としてはもっとも高位の軍人であり、彼こそ、この決定の最大の犠牲者であった。

北軍（当時は北鮮軍と呼ばれた）の猛攻にあわてたアメリカは、本土にあったM26パーシング戦車を八月中旬から釜山《プサン》に運び込み、ようやく全滅を逸れている。

情報の収集、分析にかけてはイギリスと並び世界最高の水準にあったアメリカでさえ、このような判断の誤りをおかし、自国の軍隊が大打撃を被った事実を、軍人ならびに軍事に関する人々は決して忘れてはならないのである。

汲み取るべき教訓

先に掲げた事柄から、得られる教訓はふたつである。

（一）きちんとした調査、報告がなされていながら、その情報の広範囲な伝達に失敗したこと。

現在に至るも、事が起こってから、すでに警告が出されていた、しかし誰れもそれに注意を払わなかった、といった事例は我々の身近に見られる。

これは自然災害から事故、薬害といったことまで多種多様にわたっている。

（二）物事を観念的に見てしまい、ろくに考えることなく結論を出す。

戦車の運用に関してアメリカ陸軍は、ベトナムにおいても同じ判断の誤りを繰り返している。全土のほとんどが密林なので、戦車には適さないとしていた。

しかし共産側は、それが逆に上空から発見されにくいということで、戦車を多用したのであった。このような判断の誤りをなくすには、ともかく現地、現物を自分の目で確かめるということに尽きる。

日本海軍の〝水平爆撃〟考課表

航空機による対艦攻撃法の中でも、命中率が極端に低い〝水平爆撃〟――マレー沖海戦では見事な戦果を挙げることができたこの爆撃法を日本海軍ではいかに訓練していたのか！

編隊を組んで一斉投弾

第二次大戦において、航空機が実施した対艦船攻撃の手段としては、次のようなものがあった。

(一) 魚雷攻撃（雷撃）
(二) 急降下爆撃
(三) 水平爆撃
(四) スキップ爆撃
(五) ロケット弾による攻撃

（六）機関銃砲による攻撃

（六）の中には機首に装備した七・七ミリ口径の機関銃から、七五ミリ高射砲、一〇五ミリ野砲を使った例もあって、これらは砲撃と呼べるだろう。

しかし、攻撃の主力は先の（一）～（三）である。

しかも日本の場合、陸、海軍航空部隊とも（四）のスキップ・ボミング、（五）のロケット弾攻撃を行なわないままであった。

さらに（六）では、ほとんど艦船を沈めるに至らないから、これは除外すべきかも知れない。

さてここでは、（一）～（三）のうち、水平爆撃を取り上げる。

この理由は、対艦船攻撃の手段としてほとんど命中弾を期待できないにもかかわらず、当時の列強といわれる国々の航空部隊が広くこれを採用したことの是非を問いたいからである。

軍事に関心を持っている人なら、水平爆撃について一応の知識を持っていると思われるが、いま一度確認しておきたい。

これによる対艦船攻撃のさいには、複数、できれば一〇機以上の中・大型爆撃機が編隊を組んだまま一斉に投弾し、命中の確率を高める。

ただし、照準を定めるのは指揮官機に乗っている爆撃手だけで、他の航空機はこの指示を受けて爆弾を落とすのである。

数十発の爆弾が投網のごとく落下、必死に回避運動を続ける艦船をとらえる。

爆撃高度は気象条件、対空砲火の激しさなどを考慮して決められるが、各国とも標準としては四〇〇〇メートルとなっていた。

もちろん、目標が都市、基地、物資の集積所、操車場など大きな面積のものならともかく、商船、軍艦のごとく小さく、かつ動きまわっていると命中弾を得ることは本当に難しい。

それでは早速、実戦における水平爆撃の命中率を調べてみよう。

これに関してあらゆる戦闘の中で、もっとも正確な記録が残されているのは、どの戦いなのであろうか。

それは太平洋戦争勃発の三日後に、日本海軍航空部隊の圧勝に終わった「マレー沖海戦」（一九四一年一二月一〇日）である。

四隻の旧式駆逐艦に守られた、イギリス海軍の

戦艦プリンス・オブ・ウェールズ（ＰＯＷ）

巡洋戦艦レパルス

が、約八〇機の九六式、一式陸上攻撃機に襲われ、二時間後に両艦とも沈没している。

この海空戦に関しては、戦後かなりたってから日本側、イギリス側によってきわめて精密な調査が行なわれた。

これには、水平爆撃についての記録も当然残されている。

ＰＯＷ、レパルスは主として魚雷による損傷のために沈んだのだが、ここでは水平爆撃に絞って話を進めよう。

爆撃下の戦艦プリンス・オブ・ウェールズ（下）

○英艦攻撃に参加した陸攻の数は（爆撃のみ）三四機。ただし二隻の戦艦を爆撃したのは半数以下の一六機のみ。
これ以外の九機は、指揮官機の爆撃手のミスにより目標の全く存在しない海上へ、爆弾を投下してしまった。

さらに別の九機は、これまた駆逐艦テネドスを戦艦と間違って投弾。すべてはずれている。

○投下爆弾の命中率
一六機がそれぞれ一発の五〇〇キロ爆弾を投下。このうちの二発が命中、二発が至近弾となり損傷を与える。
したがって命中率
一二・五パーセント
至近弾も算入すると二五パーセント
となり、これは疑いもなく——決してスポーツと比べるべきではないが——世界最高記録と考えられる。

なにも日本の航空部隊に特別肩入れしているわけではなく、次の理由によっている。
○参加部隊の練度が非常に高かった。
○昼間、晴天であり、風も弱かった。
○艦隊に防空戦闘機が存在しなかった。
○目標の軍艦が充分に大きかった。
ただし対空砲火は戦艦だけに激しく、三機が撃墜され、一機が不時着大破、また多くの陸上攻撃機が被弾していた。

それでもこのマレー沖海空戦で、日本海軍の陸攻(陸上攻撃機)隊は見事な勝利をおさめた。

しかしこのような戦果は、以後全く見られなくなり、なかでも艦船に対する水平爆撃は犠牲ばかりが多く、効なき手段に変わっていったのであった。

それでは次に、その状況を見ていくことにしたい。

命中率一パーセント

艦船に対する水平爆撃の命中率が著しく低い事実は、マレー沖の場合を別にして、当時にあってすでに広く知られていた。

その明白な証拠は、零戦のエースとして名高い坂井三郎の手記の中に見られる。

昭和一七年八月七日、ガダルカナル攻防戦の初日、日本海軍の陸上攻撃機二七機が来襲したアメリカ艦船、とくに上陸用の輸送船団を攻撃したときのことである。

爆撃隊のエスコートとして出撃した坂井は、陸攻が抱いているのが魚雷ではなく爆弾であると気付き、次のような感想をもらす。

「敵の上陸作業中の船団を攻撃するのに、なぜ魚雷ではなく爆弾なのだろう。これでは大した戦果は期待できないはずだ」

そして彼の推測どおり、二七機の攻撃機が往復二〇〇〇キロを超す長距離爆撃行を実施していながら、戦果としては輸送船二隻を小破させただけで終わってしまった。

少数の迎撃戦闘機が滞空していたとはいえ、この日の条件は爆撃する側にとってかなり有利であった。マレー沖の海空戦と同様に、天候は快晴で風も弱く、かつ四〇隻以上からなる輸送船が狭い上陸地点の近くに停止していたのである。

さらにアメリカ軍の船団は、それまで一度として爆撃を経験していなかったものと思われる。

この攻撃のさい、海軍の陸攻隊がどのような種類の爆弾を、どれだけの数を積んでいったのか、わからない。

しかし九六式、一式陸攻の標準的な搭載方法から推測すれば、二五〇キロ一発、六〇キロ爆弾六発といったところであろうか。

一応七発と考えて、二七機で二〇〇発近い数が投下されていながら、命中弾は二発（一パーセント）である。

この攻撃に参加した陸攻隊は、それまで半年にわたって実戦経験を積み重ねてきた精鋭であったと思われるが、それでも一パーセントしか命中しなかった。

これは日本海軍の陸上攻撃機部隊の技量が低いわけではなく、もともと水平爆撃で艦船に爆弾を命中させることが困難なのである。

この日の爆撃高度は、教科書どおり四〇〇〇メートルであった。

当時では、どこの空軍の爆撃隊でもこの程度の高さから爆弾を投下しているが、これはやはり高射砲の威力を考えてのことであろう。

しかし、いかに優れた照準器を用いていても、動きまわっている船に爆弾を命中させるのは難しい。

なにしろ、停泊中で軍艦よりも幅が広い輸送船にさえ、ほとんど当たらないのだから。

ガダルカナルの戦闘の第一日目の結果は、この事実をなによりも明確に示しているのであった。

もっとも日本軍の駆逐艦、輸送船に対するアメリカ機（主力はボーイングB17）の水平爆撃の成績も、また決して優れていたとは言い難い。

日本海軍の爆撃標的艦

それでは、日本海軍は本物の船を標的にして水平爆撃の訓練をしていたのだろうか。

日本海軍の爆撃標的艦

	摂津	波勝	大浜	矢風
排水量（トン）	2万650	1640	2580	1320
全　長（m）	152	87.5	112	97.5
全　幅（m）	25.5	11.3	11.6	8.9
出　力（HP）	1.6万	4400	5.2万	1.2万
速　力（ノット）	18	19	33	24
完成①	1912.7	1943.11	1945.1	1920.9
完成②	1923.10	—	—	1942.7
	元戦艦			元駆逐艦

（注）完成①は竣工時、②は標的艦として改造終了の年・月を指す

目標となった船は、実際のアメリカ海軍の艦船とどの程度異なっていて、またどのくらい相似していたのか。

このような疑問に対して、これまで刊行された戦史は全く触れないままであったような気がしている。

そのためこれを機会に、日本海軍の爆撃標的艦について調べてみた。

そして現われたのは、次の四隻である。

超旧式戦艦改造の摂津

最初から標的艦として建造された波勝、大浜

旧式駆逐艦改造の矢風

で、矢風は摂津の無線操縦艦であったが、改装されて爆撃標的艦となった。

これらは耐弾能力はきわめて低く、驚くほど貧弱な数値しか残されていない。

投下高度は四〇〇〇メートルで、訓練に供されるのは、

摂津　三〇キロ演習爆弾

波勝　一〇キロ　〃

大浜　一〇キロ　〃
矢風　一キロ　〃

といった耐弾能力なのである。

旧戦艦であった摂津が三〇キロ爆弾に耐え得るが、波勝、大浜では一〇キロ、矢風ではわずか一キロ。

これに対して実用爆弾は六〇キロ、二五〇キロ、五〇〇キロである。

さらに四隻の完成した時期を見ると、波勝は昭和一八年の暮、大浜は二〇年の一月だから、開戦前には摂津と矢風（昭和一七年七月改造）しかなかったことがわかる。

また、矢風は耐弾性の貧弱さから考えて、実質的にはほとんど役に立たなかったのではあるまいか。

となると、日本海軍の爆撃訓練用の艦艇は、速力一八ノットにすぎない摂津一隻のみとみた方がよい。

実際にこの旧式戦艦改造の標的艦を走らせ、九機編隊からなる双発攻撃機が三〇キロの演習用爆弾をいっせいに投下する。

この訓練を繰り返したものと思われるが、命中精度に関しては最大の秘密であった。

これまでも、この結果が明らかにされたことはない。

しかし、現実の問題として一キロ、一〇キロ、三〇キロといった軽く小さな演習弾を投下したところで、これが実戦に役に立つものだろうか。

排水量２万トンを上まわる旧河内型戦艦の標的艦摂津

標的艦の乗組員の安否が問題で、大きく重い爆弾を使えないのである。

もちろん、数学を専攻した士官が〝レイノルズ数を媒体とした空気力学的相似則〟を利用して投弾の指標を定める。そして、それに合わせて照準器（正確には射爆照準器という）を調整し、爆撃隊へ伝える。

それでも結局、片手で持ち上げられる程度の演習弾と六〇、二五〇、五〇〇キロの実弾との差はあまりに大きい。

こうなるとやはりアメリカ海軍のごとく、艦船の無線操縦についての研究を進め、大型艦であっても人間が乗らなくても済む標的艦の開発を実現させるべきであった。

そして火薬こそ入っていないものの、実弾と同じ大きさ、同じ重さの演習弾を使って訓練しなくてはならなかった。

魚雷攻撃（雷撃）では見事な技量を見せつけた日本海軍の陸攻隊だけに、対艦水平爆撃はもっと早くから見切りをつけた方がよかったような気がしている。

さもなければ、やはりアメリカ海軍の航空部隊が昭和一八年から実施したごとく、スキップ・ボミング（反跳《はんちょう》爆撃）に移行すべきだったと思われる。

これを修得していれば、ガダルカナル戦の初日のみならず、いろいろな戦闘でより大きな戦果を挙げた可能性は非常に高い。

そして最後に示される教訓として、あらゆる事柄に関して常に研究を怠るべきではないということであろうか。

この点からも、日本海軍はアメリカ海軍に水をあけられていたのであった。

汲み取るべき教訓

これは日本軍航空部隊に限らないことだが、高速で走る軍艦に対し、水平爆撃ではほとんど命中弾が得られない事実は、戦争前からわかっていたことではなかったか。

いかに習熟度の高い爆撃隊でも、これは全く同様である。

したがって中、大型艦への効果のある攻撃は、雷撃しかなかった。

このような状況は、一般人でもわかりそうな気がするのだが。

また日本陸軍、海軍航空部隊は、ロケット弾を全く使用しないままであった。

戦闘機による急降下爆撃よりは、ずっと命中率もよく、かつ搭乗員の訓練も楽だったと思われる。

ロケット弾が使えていれば、海軍航空部隊の戦果はずっと大きくなったはずである。

ここでも日本海軍の勉強不足が、如実に現われるのである。

〝ファイター・ショック〟症候群

日本の航空戦力を見くびっていたアメリカは日米開戦後、強力な零戦の出現に大きな衝撃を受けたが、その九年後、ソ連の新鋭ミグ15の登場でまたも衝撃を受けることになる！

零戦がもたらした懲罰

第一次世界大戦（一九一四―一八年）の後半から、アメリカはこの戦争に参戦しているが、本格的な戦闘を経験したのは陸軍のみであった。

海軍、海兵隊、陸軍の航空部隊（のちに空軍に昇格）とも、ほとんど戦うことのないまま休戦をむかえている。

なかでも航空部隊は、ライト兄弟による航空発祥の国という誇りを持ちながらも、第一線で使える軍用機を持たないままであった。

アメリカの航空部隊の使用機は、カーチスＪＮ４ジェニーで、これは偵察、軽爆撃機、練習機の役割しか果たせなかった。

仕方なくフランスから、高性能のニューポール戦闘機を借りて使うありさまであった。

当時の航空先進国はフランス、イギリス、ドイツで、アメリカははるかに遅れていた。

大戦終了後はあわてて高性能の軍用機の開発に着手し、二十数年後には一流の空軍（陸軍、海軍航空部隊）を建設する。

第二次世界大戦が始まった一九三九年九月から、ますます開発のペースは早まり、爆撃機としては決定版ともいえるボーイングB17が完成する。

これによってアメリカは、軍用機の数、および性能の面で完全に世界のトップにおどり出た。

戦闘機に関して言えば、

○海軍

グラマンF4Fワイルドキャット

ブリュスターF2Aバッファロー

○陸軍

カーチスP36ホーク

カーチスP40ウォーホーク

がそろい、これらの性能に関しても絶対の自信を持つにいたる。

とくにドイツ第三帝国と共に、アジアにおける仮想敵国である大日本帝国の軍用機については、あらゆる面で凌駕、優越したと信じたのである。

もちろんすでにヨーロッパの空を制覇していたメッサーシュミットＢｆ109戦闘機に対しては、充分な脅威を感じ、同時に敬意をはらっていたようだが、日本の航空技術、搭乗員の資質を低く見ていたというしかない。

とくに戦闘機の性能については、日露戦争（一九〇四～五年）のさい、ロシア軍首脳が日本軍の戦力を見くびっていたのと同様に、全く評価していなかった。

そして、このような決めつける形の判断がいったん下されてしまうと、それは軍全体に広がっていく。

アメリカの陸海軍の情報将校のほとんどが、日本の主力戦闘機などに関心を持たなくなってしまったのである。

これを見越したわけではあるまいが、日本海軍は画期的な性能を有する新型戦闘機の開発と配備を進めつつあった。

そして、昭和一五（一九四〇）年に制式化されたのが、三菱零式艦上戦闘機（Ａ６Ｍ）である。

一〇〇〇馬力に満たないエンジンを装備してはいるが、軽量で俊敏、驚異的な航続力を持ち、火力にも優れている。

しかも海軍の操縦士たちは訓練に訓練を重ね、あらゆる面で技量を磨きつつあった。

軽量ながら大きな航続力と強力な火器を搭載した零式艦上戦闘機

零戦の実戦参加は昭和一五年七月からであるから、太平洋戦争勃発の一年半前である。

このことから、零戦の性能はある程度アメリカ軍上層部に伝えられていたはずであった。

実際に零戦の高性能ぶりを中国で見聞した米軍関係者は、「日本軍は高性能の戦闘機を投入しており、しかもパイロットの技術はきわめて高い」むねの報告を本国へ送っていたようである。

しかし、筆者をふくめて、人間という生きものには、自分が信じたくない情報は——それがたとえ真実だとしても——信じないという性質がある。

日本海軍の新鋭戦闘機が、アメリカのそれより高性能であるとは全く信じられず、さらに信じたくもなかった。

ここには、白人種の有色人種への見下した感情が存在したのかも知れない。

そして、ついに太平洋戦争が勃発したが、この時からアメリカ陸軍の戦闘機に対する零戦の優位性が一挙に発揮された。

台湾から長駆フィリピンを襲い、さらに南太平洋の島々をめぐる戦いでも圧倒的な勝利を握り、約半年間にわたってその実力を見せつけるのである。

アメリカとしては、緒戦における空中戦の技術的誤りもあって、思いもよらぬ損失を記録してしまった。

――日本海軍の零戦恐るべし。

この声はアメリカ陸海軍のパイロットにとって、ごく身近なものだったのである。

この時期の敗北の責任こそ、自国のそれよりかなり高性能の敵戦闘機など存在するはずがない、と思い込んでいた上層部がとらなくてはならないものであろう。

あるいは、情報を軽視する者たちに加えられた厳罰とも言い得る。

九年後のミグ15ショック

零戦との初見参からほぼ九年後の一九五〇年秋、すでに空軍に昇格していたアメリカ陸軍のパイロットたちに、再び衝撃が走る。

初夏から始まっていた朝鮮戦争（一九五〇年六月二五日勃発）の最前線に、素晴らしい運動性能を誇る敵側のジェット戦闘機が出現したのである。

それまでの敵、北朝鮮軍の戦闘機はすべてレシプロエンジン装備のＹａｋ３、Ｙａｋ９型あるいはラボーチキンＬａ９、Ｌａ11型であった。

これらの戦闘機なら、アメリカ軍も同じレシプロの、

朝鮮戦争で出現した高性能のジェット戦闘機ミグ15

ノースアメリカンF51マスタングで充分に対抗可能であった。

加えてアメリカ軍はジェット戦闘機、

ロッキードF80シューティングスター

リパブリックF84サンダージェット

グラマンF9Fパンサー

を持っていたので、なんの問題もなかった。

空中戦では連戦連勝であり、北朝鮮の戦略目標を襲うB29爆撃機をはじめとする軍用機に立ち向かう敵戦闘機は皆無だった。

ところが、一〇月末から鋭い後退角付の主翼を有するジェット戦闘機が登場し、マスタングはもちろんF80、F84、F9Fさえも一夜にして旧式におとしいれたのである。

これが、旧ソ連の設計グループが送り込んできた、

ミコヤン・グレビッチMiG15ファゴット

であった。

ロシア人操縦士によって飛行するこのミグ戦闘機は、次の諸点が零戦の場合とよく似ている。

(二)その登場がアメリカにとって全く突然であったこと
(二)アメリカ製の戦闘機より軽量で、運動性に富んでいること
(三)優れた技量のパイロットによって操縦されていること
(四)より口径の大きな火器を搭載していること
などであった。

レシプロ戦闘機F51はもちろんのこと、F80、F84、F9Fジェット戦闘機はすべて直線翼で、後退翼付のミグと比べた場合、明らかに時代遅れといえる。

最高速度ひとつを見ても、それぞれが二〇〇キロ／時以上も遅いのである。

これではとうてい太刀打ちなどできるはずもなく、まともに戦うのは不可能であった。

太平洋戦争の緒戦と同様、アメリカはまたも実態を全く把握できていない敵の高性能戦闘機と遭遇したのである。

しかも、ミグは上昇力についても圧倒的で、アメリカ空軍、海軍航空部隊は深刻な状況におかれた。

さらに大きな問題も起こりはじめていた。

北領内の戦略爆撃の中核となっていたボーイングB29大型爆撃機が、ミグ戦闘機によって少なからぬ損害を出していたのである。

一九四五年の時点で、日本の戦闘機を全く寄せつけなかった〝超空の要塞〟も、それからわずか五年のうちに、旧式化してしまっていた。

ミグは口径二三ミリの機関砲に加えて、三七ミリという大口径の機関砲も装備していたので、B29にとって真の脅威となった。撃墜されるB29が増え、間もなくこの四発爆撃機の出撃は夜間に限定されることになったのである。

ミグvsセイバーの真実

このような状況に驚いたアメリカ空軍は、あわてて最新鋭の、ノースアメリカンF86セイバーを投入した。

これはアメリカ初の後退翼ジェット戦闘機であるが、初期のA型ではミグよりも性能的に劣っていた。

たしかに機器の信頼性、操縦のし易さではセイバーはミグを上まわってはいたものの、総合的な性能では差があった。

この事実は、アメリカ軍と同国の航空界を驚かせたに違いない。

いつの間にか、敵の側は非常に優れた戦闘機を秘密裡に誕生させ、アメリカとしては、それが前線に姿を見せるまで全く気がつかなかったのである。

しかもこの戦闘機が、アメリカのそれらより高性能だとなれば、まさに零戦のときと同様の衝撃を受けたはずといえる。

また、アメリカの軍用機の情報はいつでも入手できるが、東側陣営のニュースは全く入ってこない。

これは太平洋戦争直前の日本の秘密主義と同じで、東側、なかでも旧ソ連は情報の流出を過酷なまでに防ごうとしていた。

このため、アメリカはミグ戦闘機の性能どころか、その存在すらつかめなかったのである。

しかし、果たしてそれだけであろうか。

第二次大戦末期、突出した性能を有するB29大型爆撃機を大量生産したアメリカの航空界は、自己の技術に絶対の自信を持つにいたった。

つまり他国が、アメリカ製の兵器を凌駕《りょうが》するような同種のそれを造れるはずがない、と思い込んでしまっていたのではあるまいか。

したがって東側の軍用機に関する情報収集に、手抜き、あるいは手落ちが生じたものと思われる。

さて、アメリカはミグ15に対抗するためF86Aを投入し、なんとか均衡を保った。

これに対してソ連は、ミグ15bis（改良の意）を送り込んで再び優位に立つ。

あわててアメリカは、とっておきのF86Fを登場させている。

これにより、ようやく航空優勢を取り戻すことができはしたが、それも絶対的とはいえなかった。

装備している機器、搭乗するパイロットの質、基地の支援体制といったものを除いた純粋の飛行性能のみを比較した場合、ミグ15ｂｉｓはＦ86Ｆを上まわっていたようである。晴れた大空で両機で一対一で戦った場合、勝利はミグの側にあるだろう。

現在の研究では、朝鮮戦争における両戦闘機の空中戦における損失は、

ミグ15　四八四機（中国機二四四機、ソ連義勇航空隊二四〇機）

Ｆ86　最小七八機〜最大九六機（確認されているもの七八機。ミグに撃墜された可能性のあるもの、あるいは複合原因一八機）

となっていて、Ｆ86セイバーのキルレシオ（撃墜と被撃墜の比）は、五・〇〜六・三となる。この数字だけを見ると、Ｆ86の圧勝のように思えるが、多少事情は異なる。

Ｆ86は対ミグ一辺倒で闘っているが、その反対にミグは国連軍側のあらゆる航空機を相手に闘っていた。このため敵はセイバーだけではなかったのである。

いずれにしても、

太平洋戦争における零式戦闘機

朝鮮戦争におけるミグ15戦闘機

のどちらも、航空王国アメリカの技術陣に著しい脅威を与えた存在であり、同時にそれは自己の力に慢心し、情報収集を怠った失敗に起因したという他はない。

二機の与えた衝撃の大きさは、米英の辞書に、それぞれＺＥＲＯ、ＭＩＧとして残っているほどなのであった。

汲み取るべき教訓

誰にとっても、一度目の失敗は許される。

しかし同じ失敗を二度繰り返すのは……。

アメリカ空軍が情報の入手に失敗し、敵の新型戦闘機によって痛打を受けた状況は、ここに示すごとく二度続けて起こった。

第二次大戦の初頭から、アメリカ空軍（正確には陸軍航空隊）は戦闘機の性能に絶対の自信を持っていた。

それがゼロとミグによって徹底的に打ち砕かれたのであった。しかしどちらについても、アメリカの〝重〟戦闘機と敵の〝軽〟戦闘機の戦いの結果である。

この教訓から言えるのは、ともかく相手の戦力、とくに目に見えない技術力への注意あるいは関心ということであろうか。

「敵を知り、己《おのれ》を知れば百戦、危《あや》うからず」という言葉は、現代の戦争にも生きているように思える。

「無線通信」が決めた海戦の行方

日本海海戦では世界に先がけて無線通信を活用し、歴史的大勝利の一因とした日本海軍だが、それから三〇年後状況は一変し、時代遅れの通信設備のまま太平洋戦争へ突入した！

完勝の影に無線の活用

明治三八（一九〇五）年五月二七日。日本海軍の連合艦隊は、遠路はるばるバルト海からやってきた帝政ロシア艦隊を対馬沖で迎え撃った。

日本側は戦艦四隻、装甲巡洋艦八隻
ロシア側は戦艦八隻、装甲巡洋艦四隻

を主力とした大艦隊は、この日の午後、真正面から砲撃戦を展開し、血みどろの戦いを続けた。

陽が落ちても戦闘は激化の一途をたどり、結局、翌日いっぱいにおよんだ。

結果は日本側の大勝で、水雷艇三隻、戦死者一一七名と引き換えに、ロシア側の戦艦、巡洋艦の大部分を撃沈または捕獲している。

ロシア軍の戦死者は五〇〇〇名前後といわれているから、それぞれの戦果、損害の割合がわかろうというものである。

これにより大日本帝国はアジアの覇権を握ると共に、列強に名を連ねることになった。

一方、帝政ロシアは、いっきょに崩壊への道を進み、革命の大波のあとソ連邦の誕生にいたる。

さて、この日本海の西の入口における史上最大の海戦は、「日本海海戦」と呼ばれ、歴史に残ったのであった。

連合艦隊がバルチック艦隊に圧勝した理由は、いくつでも挙げることができる。

それらは海戦にいたるまでの経過、乗組員の質、練度、整備、地理的状況などである。

この中に無線の活用というものもあった。

海戦の勃発前から、日本の哨戒艦、軽巡洋艦がロシア艦隊に近づき、艦載砲の射程の外から刻々と敵に関する報告を送り続けた。

位置、艦種、陣形、航行速力、針路が、無線通信によって三〇〇キロほど離れていた連合艦隊の旗艦三笠、ならびに陸上の無線局に絶え間なく送られたのである。

これにより日本艦隊は迎撃の準備を整え、最高の条件で戦うことができた。

他方、ロシア側は、この事情を知っていながら妨害電波を出さず、黙々と進み、待ちかまえる日本艦隊の前へと進んでいった（強力な無線機を搭載した仮装巡洋艦の艦長が、妨害電波を出すよう進言したが、なぜかロジェストウェンスキー司令長官はこれを却下した）。

もちろん、前述のごとく他にも多くの理由はあるにしろ、無線を充分に活用したのは間違いなく日本側で、それが勝利に結びついたのであった。

ところで、史上はじめて無線通信に成功したのはイタリア人のマルコーニで、一八九五年のことである。

以後、今日まで超長波、長波、中波、短波、超短波、近年では極超短波まで、種々の波長の無線通信用周波数が開発されてきた。

これを艦隊用の通信連絡に取り入れたのは、まずイギリス海軍で、二〇世紀のはじめには大型艦で実験的に使われはじめる。

驚くべきことに、遠いアジアの小国であった日本も、この重要性をすぐに理解し、ひとつには導入、またもうひとつには機器の自主開発にも取り組むことにした。

そしてまさにその努力が実り、一九〇五年二月、三六式無線電信機として実用化することに成功、駆逐艦以上の全艦に搭載し、ついに運命の五月二七日を迎えることになった。

時代に乗り遅れた昭和海軍

軍艦への無線機の搭載について、日本海軍はアメリカ、ドイツ、フランス、イタリアに先がけ、世界でも二番目であった。

しかも活用という面では、イギリス海軍と肩を並べていたのかも知れない。

しかし、それから三〇年を経た昭和一〇年代になると、状況は一変していた。列強の軍隊はトン・ツー式の無線通信から一歩進んで、無線電話を取り入れはじめていたが、日本の陸海軍のこの分野はすっかり遅れてしまっていた。

たぶん列強（日、米、英、独、仏、伊、露）の中では、イタリアに次いで後から二番目といった状態であった。

艦艇同士はともかく、航空機同士の無線電話などほとんど不可能、また航空機と地上のそれさえ満足できる状況からはほど遠かった。

わずか三〇年の間に、どうしてこのような惨めな事態になってしまったのだろうか。

これはやはり、明治の指導者と昭和の指導者の資質の差と見るべきなのかも知れない。

そして、この差が、太平洋戦争のもっとも重大な局面で明確に露呈されることになる。

日本海軍の真珠湾への奇襲で開始されたこの戦争は、それからちょうど半年の間、日本の勝利に次ぐ勝利といった具合であった。

しかし、その直後のミッドウェー海戦、ガダルカナル島争奪のあたりから少しずつ変化を見せる。

大戦闘のなかった昭和一八年とは打って変わって、一九年はまさに決戦の年となった。

六月のマリアナをめぐる戦いの敗北によって、日本軍部が豪語していた「絶対国防圏」に穴があき、アメリカ軍はますます攻勢の度合を高めていた。

そして秋に入ると、次にフィリピン諸島の攻防戦が勃発した。

三〇〇〇の島々からなるフィリピンが米軍の手中に落ちれば、その後台湾、沖縄の順で日本本土への足がかりとなってしまう。

このため、日本の陸海軍としては、どうしてもこの戦域でアメリカ軍に大きな打撃を与え、次第に深まる敗色を一掃しなければならなかった。

その一歩が大上陸部隊を運んできた輸送船団と、それを護衛するアメリカ艦隊の撃滅であるのはいうまでもない。

こうして一〇月中旬、捷《しょう》一号作戦の幕が上がったが、この〝捷〟とは勝と同じ意味である。

四ヵ月前のマリアナ沖海戦で、日本海軍の部隊は大損害を受けていた。

したがっていわゆる機動部隊を編成して、アメリカ海軍に太刀打ちすることはできなかった。

その一方で、巨艦大和、武蔵をはじめとする戦艦部隊は無傷に近かったので、少々戦術的には疑問が残りはするものの、これらを攻撃力の主力とすることになる。

また、生き残っていた空母四隻を囮《おとり》として使い、これがアメリカ艦隊の主力を北方に釣り上げる。

その間に、戦艦群がアメリカ艦隊の護衛部隊を撃破して、船団が密集しているレイテ湾に突入する。

米主力のつり上げに成功

大要はこのようなものだが、それぞれの編成をもう少し詳しく見ていくことにしたい。

(一) 日本海軍

○主力の戦艦部隊(栗田中将)

戦艦五、巡洋艦七、駆逐艦一五隻

○別動隊(西村、志摩中将)

戦艦二、巡洋艦四、駆逐艦一一隻

○囮の空母部隊(小沢中将)

空母四、航空戦艦二、巡洋艦三、駆逐艦八隻

○潜水艦部隊(三輪中将)

潜水艦一一隻

(二) アメリカ海軍

○主力の機動部隊TF38(ミッチャー中将)

空母一六、戦艦六、巡洋艦一五、駆逐艦五八隻

○上陸支援空母群TF77(スプレーグ少将)

小型空母一六、駆逐艦二一隻

○上陸支援戦艦群(オルデンドルフ少将)

戦艦六、巡洋艦一二、駆逐艦二八隻

フィリピン沖で米空母機の攻撃をうける小沢艦隊の空母瑞鶴

なおこの区分は、概要であり、正式なものではないが、わかりやすさを優先している。

当然ながら、アメリカ海軍の打撃力は、もっぱらミッチャー中将のTF38であった。

一六隻の空母の内訳は、正規大型空母八、軽空母八となっている。

さらに戦艦六隻もまた、すべてワシントン条約が失効となってから誕生した〝新戦艦〟であった。

これに対して上陸支援の役割をになうのは、
商船改造の護衛空母
真珠湾による損傷から回復した旧式戦艦
となっていた。

いよいよ戦端が切って落とされると、小沢艦隊は日本本土から南下すると共に、さかんに電波を発して所在を明らかにした。

あくまで囮として、TF38を北方に釣り出し、主力のレイテ突入を成功させなければならない。

当然日本海軍は空母を主力とするはず、と思い込んでいたミッチャーは案《あん》の定《じょう》、この餌《えさ》に喰いついてきた。

フィリピンの主戦場から全速力で北上し、小沢艦隊を攻撃しようと考えた。

このため、なんとレイテを離れること八〇〇キロも北に上がってしまった。

一方、アメリカの護衛空母艦載機からの攻撃を受けながらも、主力の栗田艦隊はレイテに向かって突進する。

途中で戦艦武蔵を失うといった大損害を出しながらも、これまでのところひるむことなく航行を続けていた。

このときの状況としては、損害こそ日本側に多かったが、作戦自体は成功していた。

小沢艦隊が見事にその役割を果たしていたからである。

なにしろ主戦場から空母八、戦艦六隻、その他八〇隻近い艦隊を引きずり出していたのだから……。

情報伝達を軽視したツケ

ここで突然、日本海軍最大の失敗が明らかになる。

小沢からの「囮作戦　成功」の報が、なんと栗田艦隊に届かないという事態となった。

たがいの友軍の位置がわかっているわけだから、小沢としては詳しい報告を送らなくとも、たんに「空母機の攻撃を受けている」と伝えるだけで良い。

アメリカ軍航空機の第一波の攻撃を受けたとき、小沢とその艦隊の将兵は、祖国の命運をかけた作戦において、自分たちの任務が成功しつつあることを知ったはずである。

ところが――。

前述のごとく小沢が多大の犠牲を払いながらも、TF38を引きつけている事実は栗田中将へ伝わらなかった。

このあと日本の戦艦部隊は、目的地まで数十キロを残す地点から反転し、基地へ戻ってしまうのである。

もちろん、囮作戦が完全に成功しつつある事実を知ったなら、当然栗田はレイテ湾へ突入し、全滅を覚悟で輸送船団、そして上陸した陸軍部隊を痛撃したはずである。

仮空戦記にはこの場面が最大の山場として描かれ、大和、長門などが大活躍しているが、根本的な問題はただひとつに絞られる。

それは一にも二にも、なぜ小沢と栗田の通信が円滑に行なわれなかったのか、という点なのである。

航空機同士の無線電話なら故障も考えられるが、これは艦隊間の無線通信なのである。

距離の大小こそ異なってはいるが、明治三八年に実用化されている技術が、昭和一九年、つまり四〇年後であってもうまく働かないとは、呆れ果てて言葉もない。

これだけではなく、栗田と西村、志摩部隊、さらには西村と志摩の間の連絡もないままであった。

この結果、旧式戦艦二隻を主力とする西村部隊は、オルデンドルフ艦隊の駆逐艦による雷撃と戦艦、巡洋艦による砲撃によって全滅した。

志摩部隊にいたっては、これほどの大海戦に当たってなんら寄与できないまま反転、退却していく。

そして、日本海軍最後の艦隊決戦は、惨敗に終わったのであった。

もともと捷一号作戦は、あまりに複雑すぎて成功の可能性が高いとはいえなかった。

それでも意図したごとく、根本のところでは思惑どおりに進んでいた。

なにしろアメリカ最強の第三八機動部隊は、小沢艦隊を追いかけて八〇〇キロも北上、さらに日本艦隊の主力の存在を知り、同じ距離を引き返しただけだったのである。

再述するが、作戦だけを見れば日本側が目的を達成したといっても決して過言ではない。

しかし、日露戦争の大勝に酔った日本海軍の首脳陣は、無線通信、より具体的には情報の伝達、交換の重要性をすっかり忘れてしまったように思える。

その結果が、太平洋戦争のもっとも大切な時に失敗として現われたのであろう。

さらに言葉を継げば、この失敗の原因の究明、分析も行なわれた気配すらない。

このような見方に立つかぎり、アメリカ、イギリスに次いで世界第三位の艦艇数を誇った日本海軍の実力も、かなり割り引いて考えるべきだろう。

また戦力という概念も、航空機、艦艇、戦闘車両、火砲の数ばかりではなく、形としては現われにくいソフトウェアが重要なのである。

現在の自衛隊が、旧海軍と同じ轍を踏んでいないことを願うばかりである。

汲み取るべき教訓

日本の戦史研究という分野にあって
生れたばかりの無線通信の活用成功
それから三十数年後の無様《ぶざま》な失敗
は大きな謎といってよい。

なぜ明治三八年には充分に活躍し、昭和一九年にはうまく働かなかったのだろう。

また航空機搭載の無線器は、太平洋戦争の全期間を通じて、満足に機能しないままであった。

これは海軍に限らず、陸軍も同様といえる。

失敗の理由はふたつあり、日本の工業力の水準が低かったこと、もうひとつは陸海軍の技術将校／士官の不勉強である。

とくに後者が無線機器を重要視しなかった事実こそ、敗北の原因となった。

ただ、唯一の救いは、日本の技術者たちが終戦後にこの状況に気付き、半世紀をかけて日本という国を通信機器大国へと育てあげたことであろうか。

〝二律背反〟戦闘機の飛行性能

戦闘機の航続距離は長いに越したことはないだろうが、短すぎた場合の失敗と長すぎた場合の失敗をバトル・オブ・ブリテンにおけるＢｆ109と、ガダルカナル戦の零戦に見る！

短距離専門の欧州戦闘機

移動するために燃料を消費する船舶、航空機、車両などの性能については、哲学でいうところの〝二律背反〟が存在する。

この意味は広辞苑によれば、『相互に矛盾し対立する二つの命題が、同じ権利をもって主張されること』である。

いかにも難しい表現だが、簡単にいってしまえば、「あちらを立てれば、こちらが立たず」の意味であろう。

いわゆるビークル（Vehicle＝すべての乗物を指す言葉）の場合、運動性能と航続能力がこれに当たる。

運動性を高めようとすると、重量はできるかぎり小さくしなくてはならない。

これは設計者にとって絶対的な条件である。

他方、少しでも遠くへ移動する、あるいは長い時間動き続けるためには、大量の燃料を積める構造がどうしても必要といえる。

あらゆるビークルについてこの事柄が指摘できるが、なかでも戦闘機ほどこれに悩まされるものは他にはない。

さらに防御力、つまり装甲板や消火装置なども設計者、技術者を悩ませる。

○軽く、速く、運動性の良いこと

○長時間あるいは遠くまで飛べ、しかも防御力の大きいこと

この両者は、完全に矛盾するが故に、万能戦闘機と呼び得る兵器はきわめて少ない。

設計に当たる人々は、用兵者の要求を少しでも満足させるよう知恵をしぼるが、どうしてもこの両方を充足させるのは不可能なのである。

その結果、兵器の場合には地域性がかなり優先される。

第二次世界大戦前半の戦闘機を例にとれば、

○ヨーロッパの戦闘機——予想される戦場の面積がかぎられているので、航続力は六〇〇キロ以下。短いものは四〇〇キロ

○日米海軍の戦闘機――広大な海洋が舞台であり、長大な航続力が必要。少なくとも一〇〇〇キロ以上

となる。

なお、これは、機内に装備された燃料タンクのみを用い、かつ標準的な状態でただ飛ぶだけの場合の航続距離である。

戦争の後半にいたると、大部分の戦闘機は落下式の燃料タンクを用いるようになり、航続距離は三〇ないし六〇パーセントも増加している。

この落下タンクを早くから採用したのは日本海軍で、ヨーロッパ各国の空軍では半年から一年遅れて使われはじめた。

さて戦闘機の航続力は、それだけを見るかぎり大きければ大きいほどよい。

またこの問題は、言い換えれば滞空可能な時間の増大にもつながってくる。

それを知りながらも、ヨーロッパの設計者、技術者たちは航続性能よりも運動性、機動性を重視していた。

第二次大戦の前半の主な交戦国はイギリスとドイツだが、戦場が狭いだけに、それぞれの戦闘機の航続距離はきわめて短かった。

メッサーシュミットBf109＝五六〇キロ

ホーカー・ハリケーン＝七四〇キロ

スーパーマリン・スピットファイア＝六一〇キロ

WWⅡ単座戦闘機の航続距離

機種	機内タンク容量（ℓ）	航続標準（km）	航続最大（km）	外部タンク容量（ℓ）
一式戦隼(日)	400	1100	2800	125×2
二式戦鍾馗(日)	390	800	1410	125×2
零戦21型(日)	518	1700	3500	330
グラマンF4F(米)	540	1120	1680	400
ベルP39エアロコブラ(米)	610	1420	2100	280
カーチスP40ウォーホーク(米)	640	1440	2440	280
ロッキードP38（米）	1380	1720	4200	340×2
Bf109F(独)	400	560	1000	160
スピットファイア5B（英）	390	610	1820	200×2
ハリケーンⅡ(英)	460	740	1440	200×2
モランソルニエMS406（仏）	510	800	—	なし
ドボアチンD520（仏）	430	1000	—	なし
フィアットG50（伊）	330	670	—	なし
マッキMC200（伊）	380	870	1900	300
ポリカルポフI16（ソ）	260	400	700	100×2
MiG-3(ソ)	640	820	—	なし

であり、目安としてはロンドン～パリ間を無着陸で、一定の余裕を持って飛べればよいと考えていたようである。

ロンドン～パリ＝三〇〇キロ
ロンドン～ベルリン＝一三〇〇キロ
パリ～ベルリン＝一〇〇〇キロ

といった距離を見れば、どちらの戦闘機も相手の首都への攻撃など全く不可能な事実がわかろう。

一方、太平洋においては、

日本海軍・三菱零式戦闘機＝一七〇〇キロ

陸軍・中島一式戦隼＝一五〇〇キロ

アメリカ海軍・グラマンF4F＝一一二〇キロ

アメリカ陸軍・ベルP39＝一四二〇キロ

など、いずれも一〇〇〇キロを大きく上まわっている。

やはり広大な面積を有する太平洋の存在が、戦闘機の航続力を延伸させたというしかない。

しかし、これから述べるごとく、航続力が短すぎる場合はもちろん、長すぎても戦略、戦術的失敗に直結することがある。

その実例を、東西の枢軸側の主力戦闘機であるBf109と零戦を取り上げて調べていきたい。

遅かった落下タンク装備

（一）バトル・オブ・ブリテン＝英国の戦いにおけるBf109

一九四一年の春、電撃戦によってフランス、ベルギーを席巻したドイツ軍は、次の目標としてイギリス本土に的をしぼった。

ドイツ軍は英仏海峡のフランス側カレー付近に空軍機を配備し、二五〇〜三〇〇キロ離れたロンドン上空の制空権をまず手中におさめようとする。

He111、Ju88、Do17などの爆撃機は、同じく占領しているノルウェーから発進させるが、Ju87急降下爆撃機、そしてBf109についてはどうしてもフランスから送り出す必要があった。

これはもちろん、両機種の航続距離が短かったためである。

わずかに幅五〇キロの英仏海峡を越え、そこから八〇キロしか離れていないロンドン上空へ出撃するにしても、足の短さはBf109のパイロットたちに非常な負担となった。

離陸後編隊を組み、上昇しながら進攻、途中で爆撃機隊とランデブー、ロンドン上空で空中戦を行なう。それがすめば、爆撃を終えて帰途についたHe111、Ju88、Do17を途中までエスコートする。

たったこれだけの任務をこなすにしても、Bf109にはかなりの重荷となった。

少しでも空中戦が長引くと、フランスの基地までたどり着けない機体が続出した。

この「英国の戦い」の相手であるスピットファイア、ハリケーン両戦闘機の航続力も似たようなものといえたが、こちらはホームベースの上空で闘うわけで、燃料の心配はしなくともよい。

Bf109の場合、ロンドン上空にとどまっていられるのは、一五〜二〇分間にすぎず、いったん空戦となったら、それが可能な時間は五分程度しかなかった。

敵機に追撃されるよりも、先に燃料が尽きるのである。

バトル・オブ・ブリテンで海峡英側に不時着したBf109E－3

当然イギリス軍の戦闘機は執拗に喰い下がり、空中戦を長引かせようとする。

こうしてフランス西部に駐留するＢｆ109部隊の戦力は、日々消耗していった。

バトル・オブ・ブリテン（一九四一年七月～一〇月）におけるドイツ戦闘機の損失数は五五八機に達しているが、イギリス軍によって撃墜されたものはこのうちの六割と推定される。

残りの四割のうちの大部分は、燃料切れによって英仏海峡に不時着水、あるいは基地に戻れなかったために失われた。

この年の年末から、ようやくＢｆ109戦闘機にも落下式燃料タンクが導入された。

これが初めから装備されていれば、同機の航続距離、滞空時間は少なくとも三割程度増加したはずである。

そして損害は減り、戦果は増える。

このように見ていくと、戦力というものが必ずしも兵器の数や性能、もしくはそれを扱う兵士の技量などとは一致しないということがわかろう。

また戦争の後半、イギリス、アメリカの爆撃機によるドイツ本土への爆撃行が始まると、今度はスピットファイアの航続力の不足が露呈する。

同機はふたつの落下タンクを装備しても、イギリスからドイツとフランスの国境付近までしかエスコートできず、アメリカ製の長距離戦闘機ノースアメリカンP51マスタングに護衛任務を一任せざるを得なかった。

零戦を葬った長距離進攻

（二）ガダルカナル戦における零戦

おおまかにいえば、日本海軍の零戦は、Ｂｆ109、スピットファイアの三倍近い航続力を有していた。

決してひいき目ではなく、この事実から零戦の優秀性は証明されている。

この長距離性能を最大限利用することにより、零戦は太平洋狭しと暴れまわる活躍ができたといっても、過言ではあるまい。

また、最初から落下タンクを装備していたことも、活躍の範囲を広げることになった。

ともかく、軽荷状態なら三〇〇〇キロを飛び切るのである。

しかし、これがいつもプラスに働くわけではなく、パイロットに過剰な負担を押しつけた例を見ていく。

ガダルカナル島に不時着大破した零戦21型

昭和一七年の八月初旬から開始された、ソロモン諸島のガダルカナル島をめぐる戦いである。

当時、日本海軍航空部隊の主要基地は、ニューブリテン島のラバウルであった。

このラバウルからガダルカナルまでは一〇五〇キロもあり、これはパリ〜ロンドン間の三倍に当たる。一〇五〇キロという距離を地図上で調べてみると、東京を基点にして南は屋久島、北は大雪山あたりとなる。

いうまでもなく、これだけの距離を進攻し、戦場上空で空中戦をこなし、同じだけの距離を帰投しなくてはならない。

飛行に要する時間から見れば、零戦の巡航速度は一五〇ノット（一ノットは時速一・八五二キロ。したがって二八〇キロ／時）であるから、戦場まで三時間半、帰りも同じ。

つまり三時間半かけて戦場まで飛び、生死を賭した空中戦を行なったのち、また三時間半かけて基地へと戻る。

大型の爆撃機でさえ大変なフライトなのに、これを単座戦闘機によって行なうのである。しかも現在と異なり、充実した航法支援設備など皆無、ほとんど磁気コンパスのみをたよりに飛び切らなくてはならない。

これではいかに優秀な搭乗員といえども、肉体的な消耗があまりに激しく、連日戦い続けるのはとうてい無理である。

現実にラバウルからガダルカナルに出撃し、未帰還となった零戦の半数は故障や航法の誤り、加えて軽微な損傷で失われたと見るべきであろう。

このような状況にいたったのは、用兵者の無能と共に、

『それが理論上から可能であるなら、多くの困難が予想されても強行する』

という、軍隊特有の事情があったのかも知れない。

それでも冷静に戦史を学べば、ラバウルからの超長距離飛行が、多くの優れたパイロットの損失につながった事実が読みとれる。

戦場往復二〇〇〇キロの距離が、アメリカ海軍戦闘機の迎撃による場合と同じ数の零戦を葬ったといえるのである。

零戦の航続力がもう少し小さければ、これだけの進攻は不可能であり、このような損失は出さずにすんだ可能性も残る。

しかし、これは日本海軍だけのことではなく、大戦末期、硫黄島から日本本土に来襲した

アメリカ陸軍航空部隊のP51マスタング戦闘機でも事情は似ていた。

硫黄島〜東京間はちょうど一〇〇〇キロ。

優秀な航続性能を誇るP51にとっても、決して楽なフライトではない。

実際、昭和二〇年七月のある日には、途中の悪天候により、一度に二三機のマスタングが行方不明となる事件も発生している。

可能であるからといって、無理な任務を強要する場合には、多くの犠牲を覚悟しなくてはならないのは、どこの国の軍隊でも全く同じなのであった。

汲み取るべき教訓

軍用機の航続力に関する問題は、容易に解決できるものではなく、そこには戦略的な思想も取り入れなくてはならない。

これまで航空自衛隊は、隣国に配慮し、わざわざ戦闘機の航続力を低くおさえてきた。

しかし北朝鮮の弾道ミサイルの度重なる発射実験から、少しずつ風向きに変化が見えはじめている。

零戦によるガダルカナル攻撃の失敗があったとしても、戦闘機の航続力は大きな方があらゆる面で有利といえるのである。

さらに空中給油機の配備によって、ようやく専守防衛から一歩踏み出せる可能性が出てきた。

戦闘機が長い距離を飛べるということは、別の見方をすれば効率よく運用可能、かつ安全にもつながるのである。

日本政府がこれに気付くまで半世紀を要したものの、ようやく前途は明るくなりつつある。

温存された空母の悔恨

今から四〇年前のフォークランド戦争で、イギリス海軍はもてる空母兵力のすべてを投入したが、対するアルゼンチン海軍は潜水艦をおそれるあまり最後まで空母を温存した！

南大西洋の遠すぎた戦場

一九八二年の四月から六月にかけて、南アメリカ大陸のもっとも南で勃発したフォークランド／マルビナス諸島をめぐる戦争は、いつの間にか我々の記憶から薄れつつある。典型的な領土紛争、つまり合わせて一万人たらずの人口と四つの島をイギリスとアルゼンチンが奪い合い、それは前者の勝利に終わったものの、両軍合わせて九〇〇名の戦死者と三五〇名の負傷者を出している。

記述のたびにフォークランド（イギリス側の呼称）／マルビナス（アルゼンチン側の呼称）と、両方の呼び方を並記するのは面倒なので、ここではよく知られているフォークランド戦争に統一して話を進めていこう。

この島々は、

イギリス本土から一万三〇〇〇キロ
アルゼンチン本国から五五〇キロ

といった距離にあるので、この点からいえばアルゼンチン側のものと考えられる。

しかし、イギリスは一九世紀の初頭から、この地で牧畜をはじめ、今さら手放す気は全くなかった。

一九八二年、アルゼンチンの軍事政権は大軍を持ってこの島を占領したが、これに対してイギリスは機動部隊を編成し、まず制海権、制空権を握り、その後の地上戦においても勝利を得た。

主な戦場が島であるから、必然的に制海権（ここでは制空権をふくむ）を掌握した側が、地上戦の主導権をとることになる。

戦いの焦点は、

イギリス海軍の機動部隊　対　アルゼンチン海、空軍の航空部隊

であった。

このうちのどちらかが勝てば、それがそのまま最終的な勝利へと結びつくのである。

今回はフォークランド戦争の全容ではなく、寒風吹きすさぶ島の周辺海域での戦いに的をしぼり、ア側の失敗を論じてみたい。

最初に両軍の航空戦力――ここでは戦闘用航空機に限定する――を調べていく。

○イギリス側
軽航空母艦／インビンシブル、ハーミス
航空機／垂直離着陸（VTOL）戦闘機シーハリアー（海軍）、ハリアー（空軍）合わせて約四〇機

○アルゼンチン側
戦闘機／ダッソー・ミラージュ四〇機
攻撃機／シュペル・エタンダール一〇機、ダグラスA4スカイホーク六〇機
であった。

ア海軍はこれ以外に軽空母ベインティシンコ・デ・マージョを保有していた。この空母が本稿の主題となるので、簡単に履歴を紹介しておこう。

彼女は一九四五年一月に、イギリス海軍のコロッサス級のベネラブルとして就役した。戦後、フランスを経てアルゼンチンに売られ、戦争の前年にジェット機を運用するための改装を終えている。

もちろんアルグルド・デッキ（斜め甲板）、蒸気カタパルトを有し、最大一七機のフランス製シュペル・エタンダール攻撃機を運用できる。

つまり排水量はほぼ同じながら、普通の固定翼機の運用ができないイギリス側の二隻の軽

空母より、はるかに本格的といい得る。

繰り返すが、戦争の初期の段階にあって両軍が持っていた戦闘用航空機の数は、イギリス四〇機、アルゼンチン一一〇機と後者が圧倒的に優勢であった。

しかもイ側のVTOL戦闘・攻撃機ハリアーは、それまで一度も実戦で使われたことがなく、実力は未知数というしかない。

したがって航空戦に関するかぎり、ア側は楽観していたものと思われる。

イギリスの後方基地は六〇〇〇キロも北のアセンション島だから、少数のバルカン大型爆撃機をのぞいて投入可能な固定翼機は存在しないのであった。

その一方で、アルゼンチン本土の基地からフォークランド島の上空まで五五〇キロの距離があった。

爆弾、ロケット弾を搭載しないミラージュ戦闘機の行動半径は約七〇〇キロで、これらは激しい空中戦に巻き込まれないかぎり、充分に戦うことができる。

アルゼンチン海軍の空母ベインティシンコ・デ・マージョ

しかし、エタンダールはもちろん、攻撃の主力であるA4スカイホークにとって、この五五〇キロはまさに行動限界ともいえる距離であった。

このため、攻撃は一航過しかできず、爆弾を投下した時点で、そのまま基地を目指さなくてはならない。

ともかく航続力の限度いっぱいであって、厚い雨雲や山陰を利用して絶好の機会を狙うことなど不可能であった。

ア軍のパイロットの技量と闘志は充分と考えられたにもかかわらず、この距離が不利に働いたのである。

出鼻をくじかれたア海軍

四月中旬、イギリス機動部隊がこの海域に到着、五月一日から島のアルゼンチン部隊を攻撃する。

そして五月二日、戦争の激化を強く印象づける戦闘が起こった。

イ海軍の原子力潜水艦コンカラーが、ア海軍唯一の水上大型艦を撃沈したのである。

沈められたのは、巡洋艦ヘネラル・ベルグラーノ（一万六〇〇〇トン）で、三二六名の戦死者が出た。

このことはアルゼンチン海軍に大きな衝撃をあたえたのである。

同海軍の大型艦は、このベルグラーノと前述の空母マージョしかなく、そのうちの一隻が沈められてしまった。

まさにフォークランドをめぐる海空戦が幕をあけ、空母が出撃しようとする出鼻をくじかれたというしかない。

マージョはエタンダールはもちろんスカイホークも運用できるから、彼女には大きな期待が寄せられていた。

別に軍事の専門家でなくとも、この空母の役割は充分に理解できよう。

本土とフォークランドの中間まで進出し、ここで遊弋《ゆうよく》すれば、スカイホーク部隊にとって申し分のない利点となる。

基地と戦場との距離が半分となることのメリットは、数え切れないほど大きい。

出撃回数、あるいは兵器の搭載量の増加に加えて、損傷を受けたさいの帰還が容易になるのである。

さらには戦場の上空における滞空時間も長くなり、思う存分戦うことができる。

機数からいえば、相手となるイギリス軍の三倍なのだから、勝利は身近なところにあるように思えた。

しかし――。

VTOL機と同様、実戦に初めて登場した攻撃型原潜が、ア海軍首脳に冷水を浴びせかけた。

万一、一隻しかない空母が撃沈されでもしたら、海軍はもちろん国民の士気も大きく低下する。

このように思ったア軍は、航空戦の不利を理解しながらマージョの投入をあきらめてしまったのである。

もちろん、アルゼンチン空軍、海軍は空中給油機を持っていなかったから、A4攻撃部隊は苦戦を強いられることになった。

このあたりは、ガダルカナル島への一〇〇〇キロの洋上飛行により、連日戦力を消耗していったラバウル基地の零戦隊に似ている。

たとえ行動半径の中にあったとしても、限度いっぱいでは能力のすべてを発揮するのは難しい。

結局、果敢に攻撃を続けたア軍の攻撃機も、駆逐艦二、フリゲート二、輸送船二隻を沈めたものの、スカイホーク四五機、ミラージュ二七機を失ってしまった。

しかも、かなりの高性能を誇るミラージュでさえ、一機のハリアーも撃墜できずに終わっている。

眠り続けたマージョ

ところで、たとえ付近にイギリスの潜水艦がいたとしても、空母ベインティシンコ・デ・マージョを出撃させられなかったであろうか。

当時のアルゼンチン海軍は、対潜水艦用の艦艇として、
潜水艦三隻
駆逐艦一〇隻（新型六隻、旧式艦四隻）
コルベット六隻
を有していたから、このすべてを「空母の対潜護衛」に振り向ければ不可能でなかったはずである。

アルゼンチン潜水艦の対潜水艦戦能力は決して高いものではなかったが、一〇隻の駆逐艦はそれなりに有力であった。

しかも当時のハリアー、シーハリアーの航続力はA4スカイホークと比較して大きいとはいえず、マージョが攻撃を受けるとはとうてい思えない。

このため潜水艦の攻撃だけを警戒すればよかった。

現実としては、緒戦で巡洋艦を失ったア海軍が消極的になり、航空部隊の能力を充分に活用できなかったということなのである。

先には、太平洋戦争におけるラバウル基地の零戦隊の状況を掲げたが、このマージョをめぐる一連の動きは、次の戦闘の例によく似ている。

第二次大戦中、ドイツ海軍は比較的早い段階で巨大戦艦ビスマルクを、イギリス海軍の猛攻によって失っている。

これにより、姉妹艦ティルピッツを筆頭とするドイツ海軍の大型水上艦の行動は、祖国の

フォークランド戦に参加したイギリス海軍の軽空母インビンシブル

存亡がかかっているにもかかわらず、全く停滞の一途をたどったというしかない。

他方、イギリス海軍はますます自信を深め、存分に相手を攻撃することができた。

フォークランド紛争における空母マージョの温存は、まさに大西洋におけるティルピッツといえようか。

これに対してイギリス海軍は、わずか二隻しかない空母を敢然として送り込んできた。

すでに述べたとおり、故障が起きても、また損傷を受けても修理することのできる基地はなんと六〇〇〇キロも後方なのである。

しかもインビンシブル、ハーミスともに船体構造（正確には船殻という）は、建造費を安くあげるために商船と同じシステムを取り入れている。

ア軍のマージョはコロッサス級であるから、旧式とはいえ当然軍艦構造で、防御力から見ればかなり大きい。

それにもかかわらずマージョは戦争の最中、港で眠り続けていた。

結局、イギリスとアルゼンチンでは〝戦争というものに対する姿勢〟が大きく異なっていたと見るべきであろう。

また、最初に国家の威信を賭けて、マルビナス諸島をイギリスの手から奪回しようと決心したとき、アルゼンチン政府はイギリスの意志を見くびっていたに違いない。

この意味から、ア軍の最高幹部たちもまた、イギリスの係わった戦争の歴史を学んでいなかったのである。

イギリスとアルゼンチンの空母比較

艦名／要目	V・D・マージョ	インビンシブル級
排水量（トン）	1万9900	2万600
全長（m）	211	209
幅（m）	24	28
全幅（m）	41	36
吃水（m）	7.6	8.0
出力（HP）	4万	9万7000
速力（ノット）	24	28
乗員（名）	1500	1150
固定翼（機）	17	21
ヘリコプター（機）	5	
就役（年）	1945	1980
同型艦	なし	3
船殻構造	軍艦	商船

いったん戦争となったら、持てる戦力のすべてを投入し、なんとしても勝利を掴もうとするのがイギリスとイギリス人であり、それはいかに状況が不利であろうと、変わることはなかった。

それを見ぬけなかったアルゼンチンは、戦場で多くの失敗を繰り返し敗れ去ったという他はない。

古来、言い古されてはいるが、戦争については、

「No Guts No Glory（ノーガッツ・ノーグローリー）

「闘志なきところに栄光なし」

という格言が当たっているのであろうか。

汲み取るべき教訓

世界二〇〇あまりの国のなかで、もっとも戦争に強い国民はイギリス人である。もともと、この国の人々が夢中になるのは、〝スポーツと戦争しかない〟という識者もいるほどなのである。

フォークランド／マルビナス紛争のさい、イギリスは使えるものはなんでも、この島々と海域に投入した。二隻しか保有していない空母はもちろん、豪華客船キャンベラさえ、兵員輸送船として送り込んでいる。

これに対して、アルゼンチン側は最初から最後までなんということなしに及び腰であった。空母はもちろん、潜水艦、水上戦闘艦も出動させていない。

この事実を知ると、イギリス側の勝利は当然であったといえないだろうか。

戦争となったら、全力投球。これが勝利の鍵であることを、我々は覚えておかなくてはならないのである。

独空母「ツェッペリン」の不幸

第二次大戦中ドイツ海軍では、戦艦大和なみの大きさを誇るG・ツェッペリンと重巡改造の二隻の空母が建造途中にあったが、どちらも日の目を見ることはなかった！

無定見が生んだ悲劇

いうまでもなく第二次大戦において〝大海軍〟と呼べる戦力を持っていたのは、日本、アメリカ、そしてイギリスである。

他の列強のうち、イタリア、ソ連海軍は、航空母艦を保有できず、フランスは小型空母こそ保有していたが、効果的な運用はできないままであった。

この面から、本物の海軍は前記の日米英のそれであるというしかない。

ここで気になるのが、強大な空軍、陸軍を誇っていたドイツである。

その海軍は最盛期にあって、

二隻の戦艦、二隻の巡洋戦艦
三隻のポケット戦艦
世界最強の潜水艦隊
からなり、とくに二隻のビスマルク級戦艦は日本海軍の大和型、アメリカのアイオワ級が登場するまで間違いなく世界最強の軍艦であった。

となると、次に航空母艦を保有しようと動き出すのは、しごく当然というしかない。

そして一九三六年一二月、キール港のD・ベルケ造船所において、空母〝A〟なる大型艦が起工されたのである。

艦名は間もなくグラーフ・ツェッペリンと決まり、工事は順調に進捗、ついに丸二年後、進水にいたった。

別表からもわかるとおり、このドイツ海軍最初の空母は、その排水量、寸法、エンジン出力と、どれをとっても超一流であった。

全長は大和型戦艦と同じ、出力は大和の三割増し、とくに目を引くのは三六メートルを超す全幅である。

これはわが国の蒼龍より五割も広い。

日本海軍の空母のもっとも大きな弱点は、飛行甲板の幅が狭いことだったから、G・ツェッペリンははじめからこれを解決していた。

問題は搭載機数の少なさで、四〇機となっている。

G・ツェッペリンと各国主要空母

要目＼艦名	G・ツェッペリン(独)	蒼龍(日)	ヨークタウン(米)	アークロイヤル(英)	ザイドリッツ(独)	龍鳳(日)
排水量(トン)	2万3200	1万8900	1万9800	2万2000	1万2900	1万3300
全長(m)	263	228	247	244	212	216
全幅(m)	36.2	21.3	33.0	28.9	21.9	20.0
吃水(m)	7.4	7.6	6.6	7.0	6.4	6.7
機関出力(万HP)	20	15.2	12.0	10.2	13.2	5.2
速力(ノット)	33.8	34.5	33.0	30.3	32.5	26.5
乗員(名)	—	1100	1900	1600	—	990
搭載機数	40	73	85	72	—	31
起工(年月)	36/12	34/11	34/6	36/1	37/4	—
就役(年月)	—	37/12	37/9	38/11	—	42/11
備考					重巡改造	潜水母艦改造

排水量二万トン以上の空母なら、七〇機が普通と見られるので、これが欠点といえば欠点なのかも知れない。

しかし、これも露天繋止するならば、六〇機程度に増やすことが可能であろう。

搭載機としては、

メッサーシュミットBf109F／G戦闘機

ユンカースJu87D爆撃機

の艦載機型の開発が進められていた。

さて、進水はしたものの、その後の工事は

中断、再開の繰り返しであった。

完成は四〇年の一二月、つまり起工から丸四年後の予定であったが、遅れに遅れ、ついに工事中止の命令が下る。

このため、一年近く八〇パーセント完成状態の形で放置されていた。

しかし、戦艦ビスマルクをめぐる戦闘で、イギリス海軍の航空母艦の有効性が大きく報じられたこともあって、四二年の春、工事の再開が決定した。

ただし、この決定自体もかなり曖昧なもので、相変わらず中断、進行と目まぐるしく変わる。

そのたびに現場は混乱、そしてついに四三年の年明けとともに正式に工事中止となった。

G・ツェッペリンは九〇パーセント完成した状態までいきながら、最終的に就役することはなかったのである。

一九三六年末の起工から六年の歳月がただ無駄に流れ去っていた。

ひとつの大きな計画が、これほどまでに揺れ動き、結局消えざるを得なかった理由は、順不同ながら次のごとく考えられる。
(一)ドイツにおける海軍の地位、そして政治力が陸軍、空軍と比較して著しく低かったこと。
(二)主要な海軍戦力としてUボートの建造が、何よりも優先されたこと。
(三)総統ヒトラーが、ビスマルクの悲劇的な喪失により、空母をふくめた大型水上艦の存在に疑問を持ったこと。

（四）空軍の頂点に立ち強大な権力を持つドイツのナンバー2であるゲーリング元帥が、海軍航空戦力の拡大に反対していたこと。

（五）ドイツ海軍が、空母という全く新しい艦種の本当の価値を把握していなかったこと。

ＩＦ完成していれば……

それにしても、完成していれば世界最強の空母になり得たかも知れなかったＧ・ツェッペリンが、ドイツ海軍に就役できなかったのはなんとも残念という他はない。

たしかに、ただ一隻だけでは戦力としての価値は低かったかも知れないが、英独双方に与える心理的な影響のみを考えても、無限と思えるほど大きい。

イギリス側にはこれに対抗するため、少なくとも二隻の空母を常時同じ海域に張り付けておく必要が生じてくる。

一方、ドイツ海軍としては、ビスマルクの悲劇の再現を阻止すると共に、Ｕボートの活躍を支援する、大きな力を得ることになる。

今さらいうまでもないことだが、データから見るかぎりではきわめて高い能力を有するＧ・ツェッペリンが、予定どおり一九四〇年の秋に就役していれば、活躍の場は充分にあったように思われる。

この空母が、バルト海と大西洋を結ぶ有名なキール運河を通過できれば、まさに神出鬼没、

ドイツが威信をかけて建造に踏みきった空母グラーフ・ツェッペリン

いかにイギリス海軍航空部隊、空軍といえども捉えにくかったに違いない。

また、占領していたノルウェーに置いて、イギリス北部の大海軍基地スカパフローをうかがってもよい。ともかく動く飛行場でもある空母の有効性は、敵のイギリス海軍が思うままに見せつけているのである。

これによってドイツ海軍——そしてイタリア海軍も——いかに煮え湯を呑まされたことであろうか。先のビスマルクの件だけでなく、タラント港の戦い、戦艦ティルピッツをめぐる戦闘など、いくらでも挙げることができる。

軍事という面では、相手が保有していながらこちらが持っていない強力な兵器の存在ほど、心理的に大きな圧迫感を感じることはないのである。

ドイツ海軍が戦力構想として、はじめから航空母艦を不要と考えたのなら、それはそれで充分に容認できる。

しかし現実には必要と感じ、一時は全力を傾けて完成を急いだ。

それが二転三転、進水したあとになっても不毛な議論のみを繰り返し、さらには他の兵科（空軍）からの横槍を防げなかった。

その結果、多額の費用、莫大な労力が、戦争のまっ最中に、なんら益することのないまま消えてしまったのである。

ドイツ海軍最初の空母になるはずだったG・ツェッペリンは、陸軍、空軍では世界最強と謳われたドイツ軍の弱点を、後世に明らかにすることに役立っただけだったといえようか。

なお、あまりに不運、不幸なドイツ空母だが、その最後も悲惨であった。

未完成のまま、オーデル河河口の泊地に運ばれ、その後シュッテチン港へ移された。ここでは甲板に多数の機関銃を装備、浮かぶ対空砲台となったといわれている。

一九四五年に入ると、ソ連軍がこの地に迫ってきたため自沈している。

しかし、完全に沈まなかったため、ソ連軍が戦争終結後、彼女を引き上げ応急修理を施した。

ドイツと同じく空母を保有し得なかったソ連海軍は、これを本国に持ちかえり、空母建造のさいの参考にしたかったのであろう。

一九四七年、G・ツェッペリンは曳航されてレニングラード（現サンクトペテルブルク）に向かっていたが、途中触雷しバルト海に沈む。

このようにして、ドイツが生んだ空母は、未熟児のまま世を去ったのであった。

二隻目のザイドリッツ

ところでドイツ海軍の航空母艦に対する執念は、G・ツェッペリンのみに終わるものではなかった。

この失敗を眼前に見ていながら、もう一隻について同じミスをおかすのである。

それは、強力な重巡洋艦ザイドリッツの空母への改造で、この艦はもとはプリンツ・オイゲン級の二番艦として一九三七年にブレーメンにあるデシマーク社で起工されていた。

もともとドイツ海軍の水上艦艇の数は、日米英の三大海軍と比較した場合、かなり少なかった。

第一次世界大戦のあと生まれ変わったドイツ海軍が保有できたのは、戦艦をのぞくとわずかに重巡三隻、軽巡洋艦六隻のみである。

重巡は前述のプリンツ・オイゲン級（あるいはA・ヒッパー級）のみであって、それらは、

アドミラル・ヒッパー
ブリュッヒャー
プリンツ・オイゲン
リュッツォウ
ザイドリッツ

大戦中、英軍が撮影したブレーメン造船所岸壁の未成重巡ザイドリッツ

と、五隻が建造されている。

しかし、リュッツォウは工事途中でなんというべきかソ連に引き渡され、ザイドリッツは空母に改造されつつあったので、ドイツ海軍の重巡保有数はわずか三隻のみとなった。

これらのドイツ重巡は、各国の八インチ砲搭載巡洋艦のなかでももっとも大きく、かつ出力一三万馬力という強力なエンジンを装備していた。

したがって、空母への改造が充分に可能だったと考えられる。

それでは建造途中で変身を余儀なくされた、ザイドリッツを見ていくことにしよう。

艦名は、第一次大戦で活躍した巡洋戦艦のそれを踏襲したものである。

起工は一九三七年四月

進水は一九三九年一月

その後、艤装が進められたが、ビスマルク沈没のさいのイギリス空母の活躍に刺激され、四二年の春から航空母艦への改造にとりかかる。

しかし、一年もたたないうちに工事中止の命令が下り、そのままの状況で終戦を迎えざるを得なかった。

結局、ザイドリッツは重巡としても空母としても完成せず、当然ドイツ海軍の一躍を担うこともできないままであった。

先の五隻の重巡のうち、ブリュッヒャーは開戦半年後の一九四〇年四月、ノルウェー沿岸で沈んでしまっている。

このため、ドイツ海軍はわずか二隻の重巡、六隻の軽巡で、対イギリス戦争を戦っていかなくてはならなかった。一方、イギリス海軍は、七〇隻以上の巡洋艦を保有していたから、勝敗ははじめから明らかであった。

さて、未完成に終わった重巡改造空母ザイドリッツは、どの程度の能力を有していたのだろうか。

寸法という点から調べていくと、機関出力／速力を除けば、日本海軍の龍鳳とよく似ていることがわかる。

つまり搭載機数三〇機前後、かなり高速の小型空母となったと推測される。これはこれで、完成していればそれなりの使い道があったのではあるまいか。

しかしながら、ここでもドイツ海軍首脳の迷い、あるいは決断力の不足がザイドリッツという軍艦の活躍の場を完全に消し去ってしまった。

彼女は早々と進水していながら、どっちつかずの軍艦として、空しく朽ち果てるのを待っていたのである。

祖国の運命がかかっている時に、このあまりにみじめな体《てい》たらく。

やはりドイツ海軍は、空軍、陸軍と比べてかなり低いレベルにあったと考えてもよさそうである。

汲み取るべき教訓

特別に大きな権限を有する軍人の存在は、その国の軍隊の弱体化につながる場合がある。第三帝国のゲーリング国家元帥は、まさにその典型であった。

自分の指揮下にある空軍ばかりではなく、翼のある兵器すべてを掌握すべきと主張した。

このためドイツ海軍は、航空母艦はもちろん、航空部隊を保有できないまま、イギリスと戦わなくてはならなかった。

ゲーリングにとっては、自国の戦力の強化よりも自分の権限の拡大を優先しており、この最大の犠牲がツェッペリンだったのではあるまいか。

このタイプの人間は、軍人だけではなく民間社会でも時おり見かける。例えば企業の発展より自分の地位を大切に考えるというものである。

これを排除するのは容易ではない。結局のところトップに立つ人物の裁量にかかっているのであろう。

〝ダンピールの悲劇〟の処方箋

ダンピール海峡でわが輸送船団は米機のスキップ・ボミングの前に壊滅させられたが、敵機に一矢報いることはできなかったのか——この攻撃に筆者ならではの奇策で対抗！

スキップ・ボミングの恐怖

昭和一七（一九四二）年八月のガダルカナル戦を分岐点として、日本軍の輸送船団《コンボイ》はアメリカ海軍機、陸軍機、潜水艦、そしてオーストラリア空軍機による絶え間ない攻撃にさらされる。

それまでにもいくつかの例外はあったものの、日本軍のコンボイが大損害を被るような戦いはきわめて少なかった。

しかし、ソロモンをめぐる戦闘が激化するにしたがって、時には船団を構成する船舶の半分以上が沈められる事態も珍しくなくなっていく。

これに対して日本海軍の艦艇、航空機、日本陸軍の航空機のどれもが、アメリカ軍コンボイに手をつけられなかったのである。

前述のガダルカナル戦の場合、

日本のコンボイは度々痛撃され、

その反対にアメリカ軍コンボイはほとんど無傷、

であったから、大きさから言えば四国ほどの島の争奪戦で勝てるはずはなかった。

さて、時期的にはこのガダルカナルの戦いからかなり後になるが、日本軍コンボイが全滅するという悲劇が勃発する。

昭和一八年の年明けと共に、ニューギニアの戦闘が激化していった。

同年三月初旬、日本陸海軍は八一号作戦を実行するが、これは陸軍第五一師団の主力七〇〇〇名を二五〇〇トンの物資と共にニューギニアのラエに送り込むというものである。

船団は八隻からなるが、そのうちわけは輸送船が七隻、海軍の特務艦一隻（野島）である。

当然、敵の航空攻撃が予想されているので、出港後の対空警戒は厳重をきわめた。

この八隻からなる日本の輸送船団には、同数の駆逐艦のエスコートがあった。これらはいずれも歴戦の駆逐艦で、それが八隻も護衛しているのだから、まさに万全の態勢ともいえた。

さらに総数では約二〇〇機、常時二〇機の零式戦闘機が上空掩護に従事、加えて少数ながら陸軍の一式戦闘機もそれに加わる。

状況から見れば、戦争の全期間を通じてもっとも厳重に護衛された輸送船団だったのではあるまいか。

ともかく戦いに慣れている第三水雷戦隊（三水戦）の駆逐艦が、輸送船と同じ数だけ付きそっているのであるから……。

ところが、このコンボイがニューブリテン島とニューギニア島の中間のダンピール海峡にさしかかったさい、アメリカ陸軍機、オーストラリア空軍機の猛烈な攻撃にさらされる。

晴天、そして昼間という絶好な条件もあって、一〇〇機以上からなる連合軍航空部隊は思う存分、その威力を発揮することができた。

意識的にそのような戦術をとったのかどうか不明だが、攻撃の形は次のようなものであった。
(一) B17大型爆撃機が高空から水平爆撃を実施すると共に、日本軍の護衛戦闘機を釣り出す。
(二) これを見計らって超低空からA20、A26、ボーファイターなどの中型機がスキップ・ボミング（反跳爆撃）を行なう。
これは通常爆弾を航空機の針路上に投げ出し、スキップさせながら艦艇、船舶の舷側に命中させる、といった新しい爆撃方法である。

日本側はこのスキップ・ボミングを全く知らなかったこともあって、凄まじいまでの損害を出してしまった。

八隻の輸送船はすべて沈没、駆逐艦も四隻がその後を追うのである。

護衛戦闘機は必死に船団を守ろうと努力したようだが、実質的にはほとんど効果はなかったと評価するしかない。

なおここではっきり書き記しておくが、このあと二日間にわたって、連合軍は多数の航空機を出動させ、自船の沈没によって海面に漂う無力な日本軍将兵を銃撃した。戦争中の残虐行為は決して、枢軸側だけのことではなかったのである。

それはさておき、八隻の船に積まれていた貴重な資料はもちろん、燃料、食糧はすべて海底に沈み、戦死者の数は駆逐艦の乗組員もふくめると六〇〇〇名に上っている。

他方、連合軍機で撃墜されたのはB17一機をふくむわずか八機で、乗員の死亡は三〇名に達しなかったのではなかろうか。

この〝ダンピール海峡の悲劇〟のあとも、日本軍輸送船団は次から次へと壊滅に追い込まれていく。

小銃一〇〇〇梃で狙え

さて、当時の輸送船の対空火器はどの程度装備されていたのだろう。

名著『船舶砲兵』（駒宮真七郎著）などを開くと、かなり詳しく記載されている。

一般的には、

旧式高射砲二門、機関銃・砲四～六門

といったところで、これ以外にも野砲も積まれていたようだが、対空用としては全く役に立たない。

しかも低空で攻撃してくるような敵機に対して、高射砲は完全に無力である。海面すれすれ、速度は四〇〇～五〇〇キロ／時という相手を迎え射てるのは機関銃だけといってよい。

これは日本軍だけでなく、どこの国の軍隊でも同じである。

また機関銃・砲であっても、突進してくる航空機に命中させるのは、ともかく角速度が大きいのでかなり困難と見るべきである。

航空機自体も迅速に動きまわるのは当然として、攻撃される側の艦船も必死に回避運動をするわけだから、対空火器の命中率は極端に低下する。

見た目には針ネズミのごとく対空砲を林立させていても、その威力は思いのほか小さいことは次の例が示している。

昭和二〇年四月、戦艦大和が軽巡洋艦一隻、駆逐艦八隻と共に沖縄に向かった戦いである。

これらの艦隊の対空砲は、すべてを合わせれば
各種高角砲八〇門以上
〃 機関銃・砲二〇〇梃以上
が装備されていた。

それでも約二時間続いた戦闘の結果、撃墜されるか、あるいは大破したアメリカ海軍機はせいぜい二〇機、搭乗員の死者は二〇名に達していない。攻撃に参加した航空機の数は二八

〇機前後であるから、対空砲の効果は約七パーセントとなる。

日本側はこの戦闘において戦艦、巡洋艦各一隻、駆逐艦四隻を失い、戦死者の数は三六〇〇名に達しているから、とうてい引き合うものではない。

ここで話を戻して、非力な輸送船の対空能力であるが、最終的に沈没はまぬかれないものの、敵の航空機に一矢を報いる方法はなかったのであろうか。

旧式の高射砲では砲弾の届かない高空を飛ぶB17は別にしても、スキップ・ボミングに対してはなにか策がありそうに思える。

輸送船にはそれぞれ約一〇〇〇人程度の陸軍将兵が乗っている。

彼らが敵の航空攻撃が開始されたとき、なにをしていたのか、前記の『船舶砲兵』もふくめて、どの本にもなにも書かれていない。

銃撃を避けるため船内にいたのか、それとも甲板上にあったのか、どれも沈黙を守ったままなのである。

このあたりなんとも不思議でならないのだが、持てる兵器のすべてを駆使して反撃すべきではなかったのか。

数から言えば一コ大隊、あるいは二コ大隊の歩兵が乗り込んでいることになるのだから。

となると少なくとも、
五梃の重機関銃
一〇梃の軽機関銃

一〇〇〇梃の小銃が甲板に揃う。

これらは超低空で襲いかかる連合軍機にとっても、それなりの脅威となろう。

スキップ・ボミングで攻撃する米陸軍のA20ハボック攻撃機

A20ハボック、ボーファイターなどの双発機が、輸送船から充分に近い距離を飛行する。とくにスキップとなると、甲板上数十メートルを飛び抜けるわけである。

これならば重機、軽機、歩兵銃でも充分に狙えると思う。

もともと日本陸軍の三八式歩兵銃には、対空射撃を実施するための照尺が取り付けられていた。

この場合の最大射程は七〇〇メートルであるから、すぐ側を飛ぶ中型機は絶好の目標なのである。

また輸送船に向ってくる航空機を正面から狙えば、小銃弾の速度に航空機の速度が加わるから、銃弾の運動エネルギーは四倍となる。

たとえ口径六・五ミリの三八式歩兵銃と言えども、パイロットにとっては決して無視できない威力といえよう。

小銃の射撃によって、防弾設備にすぐれたアメリカ軍航空機を撃墜することが可能かどうか、大いに議論があるところだが、射程が二〇〇〜三〇〇メートル以内であり、しかもそれが一度に一〇〇〇発も同時に発射されたものであれば、かなりの脅威となるのではあるまいか。

また、このような猛烈な一斉射撃となれば、パイロットが恐れをなしてかなり離れたところから投弾する場合もあり得る。

輸送船上の陸軍兵士にしても、暗い船室でただただ息をひそめているよりも、広い甲板で小銃、機関銃を射ちまくる方がずっと士気を高めるものと思われる。

この状況からも、小銃による射撃は必ず実施されるべきであった。

スキップ・ボミング対策

筆者は、この分野の専門家ではないものの、スキップ・ボミングに関して次の見解は充分に成り立つと思える。

○航空魚雷を用いた攻撃の場合
投下位置は目標から一〇〇〇メートル前後
○スキップ攻撃の場合
同二〇〇から四〇〇メートル

と考えてもそれほどおかしくはない。

つまりスキップ・ボミングで攻撃しようとすると、雷撃のときより大幅に目標に近づく必要がある。

この距離だと急上昇しようとしまいと、高度一〇〇メートル以内で、目標の上空を通過する。

言ってみれば、スキップは雷撃以上に自らを危険にさらす攻撃方法だ。

反対に防御する側は、この前後に小銃射撃を含めた対空火器の能力を最大限に発揮させ得るのである。

確かに陸軍兵士の持つ小銃、機関銃、砲の一斉射撃が実施されたところで、輸送船が沈没せずに済んだとは思わない。

その反面、これが行なわれていれば、八隻からなる船団のうち、たとえ一隻でも生き延びられたのではないかと考えられるのであった。

さらに付け加えれば、日本の陸海軍戦闘機部隊が、輸送船団をエスコートする訓練を実施したことはあったのだろうか。

この八一号船団の護衛には延べ数ではあるが、
少なくとも一八〇機の零戦
〃　二〇機前後の一式戦隼
が当たっている。

これだけの機数を揃えても、常時船団上空に滞空しているのは、せいぜい二〇ないし三〇機といったところだろう。

攻撃する側は一〇〇機を一度に投入してきたから、完全な援護は難しい。

それでも護衛戦闘機のすべてが、B17爆撃機迎撃のため高空に上がってしまったのは、なんとも残念であった。

高空からの水平爆撃の命中率は、別項でも示しているとおり決して高いとは言えず、恐ろしいのは急降下爆撃、雷撃、そしてこの戦闘のさいのようなスキップ・ボミングである。スキップについては、前述のとおり日本側はこの戦いまで全く知らなかった。

しかし、護衛戦闘機隊の半数が、コンボイのすぐ上空に張り付いていれば、これまた船団のうちの何隻かは生き残ったとも思える。

このような見方に立つと、戦争、戦闘のさい重要なことは——なにごとについても同様なのだろうが——日頃の研究である。

兵員、兵器の数、その質などの要素は当然おろそかに出来ないが、一方で実戦を想定した研究こそが、成功と失敗を分けるような気がしているのであった。

戦史の研究家、この分野の専門家は、同じ枢軸側であったドイツ空軍の船団エスコートと合わせて、この戦いから多くの事柄を学ぶべきであろう。

汲み取るべき教訓

ここでは、輸送船団の対空戦闘のみを取り上げたが、この他に対潜水艦戦闘も存在する。イギリス、アメリカ海軍と異なり、船団護衛／コンボイエスコートについて、ほとんど関心を持たないまま戦争に突入してしまったのが、日本海軍であった。

そのため戦闘となると、護衛艦も輸送船も敵の攻撃にどのように対処してよいのかわからないまま右往左往し、壊滅的な損害をたびたび出してしまっていた。

戦前の日本海軍が、実際のコンボイを使って、船団護衛の訓練を実施したことなど、一度でもあっただろうか。

このなんとも〝不可思議な伝統〟は現在にも受け継がれており、海上自衛隊が民間の商船と協力して、この種の訓練を行なうなど皆無なのである。

平時の今こそ、例えば中東の危機などを想定して海上自衛隊はコンボイエスコートの訓練をすぐにでもやるべきだ、と強く主張したい。

米軍ソフトスキンの不思議

アメリカ軍は、ベトナムやソマリアでの戦訓からソフトスキン車両の脆弱性を知りながら、イラクではハンビーを大量に使用してゲリラ攻撃により大損害を被っている！

非装甲の四輪駆動車

二〇〇三年の春、十数年の歳月をはさんで再度行なわれたアメリカ軍のイラクへの侵攻は、勝利のうちに終わった。

アメリカ陸軍、海兵隊、そしてイギリス軍は、クウェートから三本の強力な流れを構成し、すでに一〇年前の湾岸戦争で空軍、機甲戦力のほとんどを失っていたイラク軍を簡単に打ち破ったのである。

精強と謳われたフセイン大統領の親衛隊もこれといった抵抗を示さず、わずかに乗用車、トラックを用いた自爆攻撃が多少の犠牲をアメリカ、イギリス軍に強いたにすぎない。

あくまで概数ではあるが、イラク軍の死者六〇〇〇名（軍人と民間人が半数ずつ）に対して米英軍のそれはわずかに百数十名であった。

湾岸戦争のときとは異なり、イラク軍はすべての面で太刀打ちできないままに全面的に崩壊したと言い得る。

アメリカ軍は易々と首都バグダッドまで進み、三週間足らずでここを占領、中央広場にあった巨大なフセインの銅像が引き倒される映像は、広く世界に喧伝された。

しかし、それから五ヵ月もたたないうちに、イラク軍の残存勢力、そしてフセイン支持の民兵による小規模な反撃が開始された。

もちろん、それは総兵力一二～一三万人に達するアメリカ軍、六〇〇〇人からなるイギリス軍、三〇〇〇人の韓国軍に大打撃を与えるようなものではないが、その反面、決して無視できる規模でもない。

少々非情な数値だが、その後の八ヵ月間にわたり一ヵ月平均一〇〇人前後の戦死者、加えて同数の負傷者を、アメリカ軍（正確には有志連合軍）に強要する。

この大部分は、次のような戦闘である。

(一) 地雷、爆薬による車両への攻撃
(二) ＲＰＧロケット砲、自動小銃による、同じく車列《コンボイ》への攻撃
(三) 小型ロケット砲による宿営地、基地への攻撃
(四) 対空ミサイルによるヘリコプターへの攻撃

このなかでも、パトロール・コンボイへの地雷、RPG、AK47自動小銃を用いた攻撃は、アメリカ軍にとって決して無視できないほどの損害を強いている。

このような襲撃は、当然のことながら道路、町並の入り組んだ市街地で実施される。

砂漠などの広大な地域であれば、アメリカ側は武装ヘリコプター、大口径砲、航空機を駆使して、攻撃側を捕捉、撃滅できるからである。

しかし、町中《まちなか》となれば一般人も多く、なんといってもゲリラ的な行動をとる側に有利である。

彼らが、正規の軍服を着用していることなど皆無なのだから。

さらにパトロール・コンボイは、重量五〇トンを超すM1戦車、本格的なAPC（装甲兵員輸送車）から成り立っているわけではない。

大体、これらのような大型の戦闘車両では小廻りがきかず、かつ周囲の状況を完全に把握することは不可能なのである。

防弾ガラスのついた小さなのぞき窓から外を見まわすのも難しく、なにかあったとき車外に飛び出すにしても時間がかかる。

結局、パトロール用として使われる車両は、兵士たちがハマー、あるいはハンビーと呼ぶ、装甲を持たない四輪駆動車であった。

一九八〇年代の終わりから、従来のジープに代わって登場したこの多用途軍用車は、大変使い勝手が良く、またたく間に数を増やしていった。

アメリカ軍で多数使われているハマー／ハンビー多用途車両

多用途の名のごとく、兵員輸送用、物資輸送用、機関銃装備の戦闘用、TOWミサイル搭載の攻撃用、そして通信用、救急用と、あらゆる任務をこなすことができる。

それどころか、踏破性の高さから市販車としての名声も確立しつつあった。

ハマーと似た名で呼ばれる民間型は、二〇〇四年末までにアメリカ国内では三万台が出まわり、わが国にも五〇〇台が輸入されている。

しかし――。

他に適当な車両が存在しないこともあって、ハンビーはイラクで大量に使用され、それと共に大損害を受けていた。

強力なエンジン、優れた不整地踏破性を誇っていても、所詮は非装甲（ソフトスキン）車両なのである。

戦車をも撃破することのできるRPGロケット砲はいうにおよばず、ごくごく一般的な小銃、軽機関銃の類でもハンビーを撃破するのはそれほど難しいことではない。

しかし少なくともこの車両の側面（窓ガラスとドア）にある程度の装甲が施されていれば、

これに乗っていたアメリカ兵の死傷者は大幅に減っていたはずである。

現実のハンビーのドアは布、あるいは全く防弾の役に立たないごく薄い鉄板でしかなかった。

この鉄板さえ、普通の乗用車のドアと強度は同じであった。

そのため、ロケット砲の攻撃どころか、小銃による射撃でも乗員は死傷するのである。

見た眼がいかに逞ましくとも、ソフトスキン車両が弾丸の飛びかう戦場では役に立たない状況は、これまでの戦争ですでに実証されている。

自前で鉄板を貼り付ける

一、ベトナム戦争
一九六一年から一五年近くにわたって続いたインドシナ半島の南ベトナムをめぐる戦いの前半は、いってみれば大規模ゲリラ戦の連続であった。

アメリカ軍、南ベトナム軍は、森林地帯に点在する基地、拠点に対し、連日のごとくトラック・コンボイによる輸送を行なっていた。

これを阻止しようとする北ベトナム正規軍、南ベトナム解放戦線軍は、密集した樹木を利用し、たびたび猛烈な攻撃を実施する。

長い縦列を構成するコンボイは、たとえヘリコプターによる上空援護、戦車、装甲車の随伴エスコートがあったとしても、何度となく大損害を被っている。

この損害があまりに大きかったので、現地の輸送を担当する部隊は、独自に新しい車両を誕生させた。

これがのちに〝ハーデンド・トラック〟あるいは〝ガン・トラック〟と呼ばれることになる重装甲・重武装のトラックである。

運転席はもちろん、荷台にも装甲板を取り付け、数門のM2、M1919機関銃を装備する。

なかには鉄板を二重にし、その中に砂をつめ込んで、RPG対策としているものさえ存在した。

最初のうち、これらは現地で改造されていたが、のちにはその必要性が理解され、本国でも生産されることになる。

二、ソマリアにおける戦訓

一九九〇年代、とくに九二、九三年にアメリカは国連の要請を受けて、アフリカ北東部のソマリアに二万名からなる軍隊（平和執行部隊）を送り込んだ。

この目的はソマリ族による内戦の鎮圧であったが、時には一部の勢力との激戦に巻き込まれる。

とくに九三年一〇月、首都モガディシオをめぐる市街地の戦闘では、八台のハンビー、四台のトラックがRPG、AK47の攻撃にさらされ、多数の死傷者が出ている。

このときには、ハンビーの乗員の身体に不発のRPGロケット弾が突きささるといった激しい戦闘であった。

明らかにソマリ族の戦闘能力を軽く見ていたアメリカ軍の上層部は、M113ＡＰＣ（キャタピラ付きの装甲兵員輸送車）をエスコートとして出動させるべき、という意見を却下し、ソフトスキンの機動性を重視した。

ところが、わずか一〇メートルたらずの距離から発射される敵弾により、ハンビー、そしてトラックの車内も血で染まったのであった。

三、イラクにおける災厄

それから一〇年後のイラクにおいても、状況は全くかわっていない。

パトロールのさい、使用される車両はソマリアの場合と同じくやはりハンビーのままで、ともかく装甲板が皆無なので人員の損失は増加の一途をたどっている。

また軍用トラックも同様であり、運転席、荷台とも敵の攻撃に対して全く無力である。

このため二〇〇四年の終わり頃になると、ハンビーの防御力向上に無関心な上層部を見限って、現地軍の兵士たちが勝手に補強に踏み切った。

本国の家族に頼んで、鉄板やセラミックの板を送ってもらい、それをドアに取り付ける。

これが珍しいことではなくなっただけではなく、軍の首脳にその必要性を直訴する例さえ出てきた。

正規軍同士の戦いならば、ソフトスキン車両が前線に出ていく例は少ない。

しかし、市街地におけるパトロールとなれば、ごく一般的にこれが使われるのである。

ベトナム、ソマリア、イラクとアメリカ陸軍は三度、同じ失敗を繰り返したと言えるのではないだろうか。

そしてその犠牲になるのは、常に第一線で行動する兵士なのである。

最適な陸自軽装甲機動車

さて世界唯一の超大国の軍隊、そして最強の軍事組織であるアメリカ軍にあって、なぜ、より安全な軽装甲車が配備できないのであろうか。

さらにアメリカ軍の首脳は、ハンビーの開発の時点で、簡易装甲の装着を考えなかったのであろうか。

これだけ情報が巷にあふれている現代にあって、この状況はなんとも信じ難い。

ハンビーは本来、激しい戦闘を前提に使われる車両ではないのである。

たとえ使われるにしても、接近した敵と小銃を射ち合う事態など想定されていない。

もし想定されているとするなら、なぜ防御に対する考慮が払われていないのだろうか。

もちろん、装甲板があっても強力な破壊力を誇るRPGロケット弾には無力ではあるが、小銃弾、軽機関銃弾にはかなりの防弾効果が期待できる。

それに加えて外板に適当な傾斜（専門用語では避弾経始という）がついていれば、乗員の死傷をかなりの程度減らせるだろう。

この点からは、日本の陸上自衛隊が、イラクへ持ち込んでいる〝軽装甲機動車〟のような車両がもっとも適しているのである。

小廻りがきき、かつ安全で、普通の人々にあまり威圧感を与えない、比較的小型の軽装甲機動車こそ、この種の任務に最適であって、アメリカ軍としてはなんとしても傾斜付装甲板を有するハンビーを早急に試作、イラクへ送り込むべきであると強調しておきたい。

第２次大戦中にひろく使われたM3ホワイト装甲車

それにしても、大型ステルス爆撃機B2スピリットや無人偵察攻撃機グローバルホークといった、スーパー兵器の開発に成功している超大国アメリカの軍事技術者たちが、簡単で効果的な軍用車両を誕生させ得ない理由が理解し難いのである。

繰り返すが陸軍、海兵隊の兵士たちが、イラク戦争終了後だけを見ても一〇〇〇名近く死亡しているのになんの手も打たれないとは……。

さらに大型戦車の装甲さえ貫通するといわれているRPGロケット弾に、有効な防弾板を作り出すことは不可能なのであろうか。

これまた少々専門的になってしまうが、

モンロー効果／成形炸薬弾

からの防御など、現代のセラミックス技術を応用すれば、それほど困難ではなさそうである。

このシステムなど、あくまでも防御、つまり受身の技術であるので、わが国でも充分に研究する価値がありそうだ。

アメリカでも多分、研究は続けているのだろうが、成果は一向に見えてきていない。

それにしても、なんとも不思議な気がしている。

超大国の軍隊が、充分な訓練も受けておらず小銃と携行型ロケット砲しか持っていない不正規軍に翻弄され続けているのだから。

世の中には、まだまだ不可解な事態が存在するのである。

汲み取るべき教訓

このソフトスキン車両をめぐる問題では、当時のラムズフェルド国防長官と、イラクの最前線でパトロール任務についている兵士の間で激しい議論が交わされた。

しかもこれがテレビ中継中の会見の席上であったので、全米の注目が集まったのである。

国防長官が「兵士は支給された兵器で戦わなくてはならない」と議論を締めくくろうとしたが、反発は一層高まるばかりである。

アメリカ軍という軍隊は、比較的兵士の要求を受け入れることで知られているが、このソフトスキン論争はいまだに尾を引いている。

ベトナム、ソマリア、イラクそしてアフガニスタンと続けば、アメリカ軍としては、なにか対策を取るべきだろう。

この点、イラクの駐留のさい、４×４軽装甲車を持ち込んだ陸上自衛隊は、この論争から教訓を学びとり、それをすぐさま活かしたような気がしている。

無策のスリガオ海峡夜戦

比島をめぐる海戦のひとつスリガオ海峡夜戦では、西村祥治中将ひきいる第一遊撃部隊は圧倒的優勢な米艦隊に向かって、なぜ闇雲に突進し敵の絶好の的となっていったのか！

史上最後の水上艦対決

あまり触れたくない話題ではあるが、太平洋戦争の諸海戦において日本海軍最大の〝惨敗〟を取り上げるとすると、それはいったいどのような戦いだったのであろうか。

日本海軍は、たしかに昭和一六年一二月の開戦以来、華々しい勝利を重ねてきた。

また一七年に起きたいくつかの海戦において、明らかな敗北を喫した場合でも、一応宿敵アメリカ海軍に一矢を報いているのである。

これらは、

六月のミッドウェー海空戦

一〇月のサボ島沖夜戦

の例を見れば一目瞭然といえる。

しかし、一一月のルンガ沖夜戦の圧倒的な勝利を最後に、あとはほとんど戦果を挙げることなく、損害、損失のみを記録する。

なかでも

昭和一八年八月六日のベラ湾夜戦

同一一月二五日のセント・ジョージ岬沖夜戦

などのように、アメリカ艦隊の圧勝に終わった海戦も少なくない。

前者では駆逐艦四隻中の三隻が、後者では五隻中の三隻が、敵に全く損害を与えることなく撃沈されている。

どちらも夜間戦闘であったから、アメリカ軍のレーダーが見事に日本艦隊を捕捉し、大戦果を挙げたというべきだろう。

交戦した日本の駆逐艦隊はどちらも、それなりに戦闘の経験を有していたにもかかわらず、手も足も出ないままであった。

日本海軍は以後、夜戦におけるアメリカ海軍の強さを骨身に染みて感じとったはずである。

それから丸一年の月日が流れた。

当然のことながら、アメリカ海軍のレーダー技術はこの間に長足の進歩を遂げたに違いない。

そしてフィリピン諸島、なかでもレイテ島をめぐる戦局が慌しくなった。

この周辺海域で勃発した史上最大の海上戦闘といわれる戦いは、フィリピン沖海戦と総称される。

内容としては、

一〇月二四日　シブヤン海海戦
〃　二五日　エンガノ岬沖海戦
〃　同　日　サマール沖海戦
〃　二四日　スリガオ海峡海戦

の四つからなっている。そして前三者とスリガオの戦いの相違は、航空機の介入の有無である。

スリガオ海峡の戦闘——これまた完全な夜戦であった——は、史上最後といえる水上艦隊同士の大規模な戦いとなる。

南西方向からこの海峡を通りレイテ島への突入をはかる日本艦隊は、次のような編成であった。

第一遊撃部隊（西村祥治中将）
戦艦二、重巡洋艦一、駆逐艦四隻
第二遊撃部隊（志摩清英中将）
重巡二、軽巡一、駆逐艦七隻

合計すれば、
戦艦二、重巡三、軽巡一、駆逐艦一一隻
という充分に強力な戦力であった。

たしかに二隻の戦艦山城と扶桑は新型とはいえなかったが、合わせて二四門の一四インチ砲の威力は決して侮れない。

それに加えて重巡三隻の三〇門の八インチ砲も、アメリカ艦隊にとって少なからぬ脅威となる。

ただ、日本艦隊の接近を知って待ちうけるアメリカ艦隊は、さらに強力であった。

戦艦六、重巡四、軽巡四、駆逐艦二八隻に加えて三九隻の魚雷艇を配備していた。

したがって正面から戦えば、あらかじめ勝敗は明らかである。

このこともあって、西村、志摩は夜間戦闘を選ばざるを得なかったのであろう。

ごく大雑把にいって、スリガオ海峡における戦力比は日本一、アメリカ三の割合なのである。

メッタ打ちにされた山城

この作戦のさいの西村、志摩艦隊の役割はなんともはっきりしない。

主力であり東から進撃する栗田部隊と協力して、アメリカの輸送船の密集しているレイテ湾に突入するのか、それとも小沢艦隊と同じように囮《おとり》になって、敵の水上艦を誘い出すのか。

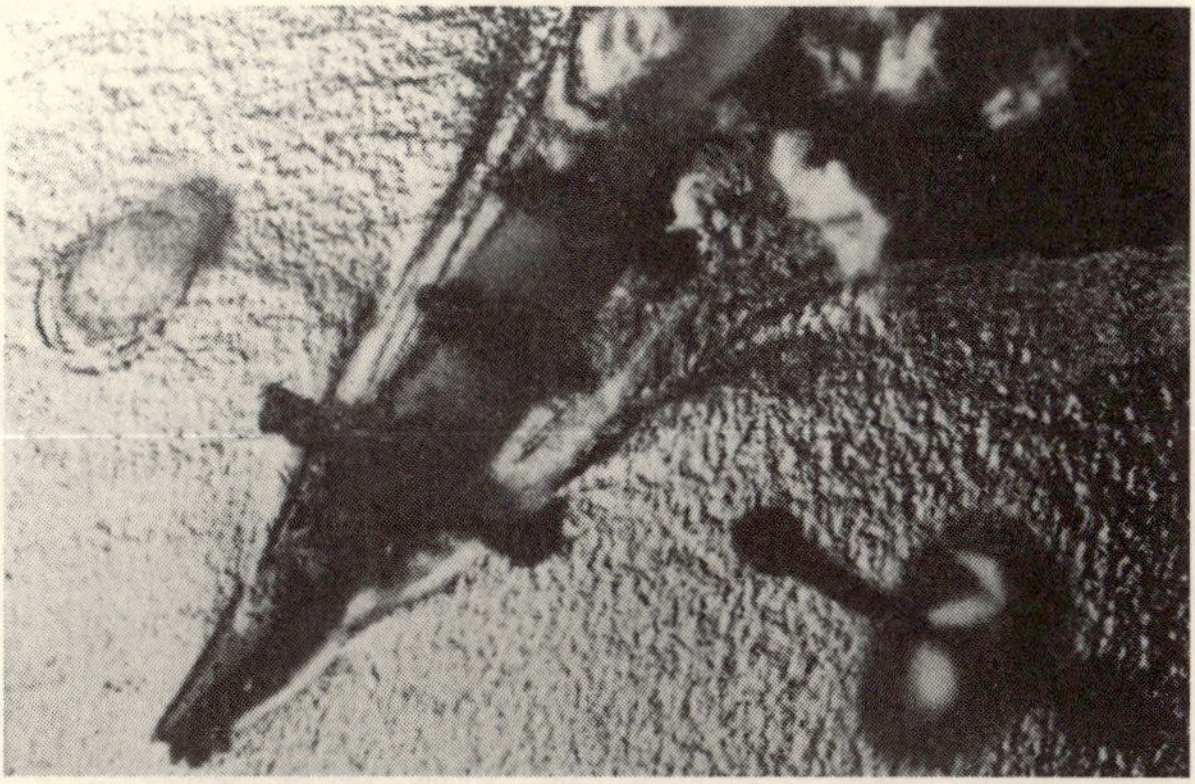

スリガオ海峡に達する前、スル海で爆撃をうける西村艦隊の戦艦山城

さらに第一、第二遊撃部隊がひとつになって行動するのか、また別々に敵に向かうのか、いずれもあまり明確ではなかった。

どうもこのあたりの状況は、日本海軍の残る総力を結集して実行する大作戦というのに曖昧なままなのである。

結果的に、志摩艦隊はこの大切な戦いにおいて、戦局になんの寄与もできないまま、損失のみを記録することになるのだが……。

一方、近代化された旧式戦艦を中心とするアメリカ艦隊は、早くから西村、志摩部隊の接近を察知し、万全の体勢を整える。

単縦陣に近い形で進んでくる日本艦隊を、戦艦、巡洋艦をT字型に配置して待ち受けたのである。

しかも合わせて七〇隻近くもそろえた駆逐艦・魚雷艇により、主力の砲撃より前に、敵の両側から魚雷攻撃を行なう。

このように見ると、T字というよりカタカナの

〝コ〟の字に近い体勢である。

コの字の開いた部分から突進してくる日本艦隊を三方から叩きに叩くという、実現すれば理想的な戦術であった。

戦闘が開始されると、その様相はアメリカ側の思惑どおりとなった。

まず駆逐艦、魚雷艇が次から次へと日本艦隊の大型艦に襲いかかり、魚雷を射ち込んでいく。

最初のうち、この攻撃をなんとか回避していたものの、その数があまりに多いので、西村部隊は少しずつ損害を受けてしまった。

それを見越して六隻の戦艦、八隻の巡洋艦は、猛烈な砲撃を開始する。

当然それはレーダーを駆使した凄まじいものとなった。

なかでも巨大な二隻の旧式戦艦山城と扶桑は絶好の目標となり、多数の魚雷、無数の砲弾により完全に撃ちのめされるのである。

アメリカの戦史は、

「日本の戦艦は溶鉱炉の中の鉄くずのごとく溶解した」

と表現している。

事実もそのとおりで、三万五〇〇〇トンの戦艦の艦上にあった一五〇〇名を超す乗組員のほぼ全員が戦死するといった惨状であった。

結局、退却時に起きた巡洋艦の衝突事故を加えると、日本艦隊の損害は、

戦艦二、重巡二、駆逐艦四隻沈没
戦死者は少なくとも四〇〇〇名
これに対してアメリカ側は
魚雷艇二隻沈没、巡洋艦二、駆逐艦三隻損傷
戦死者は五〇名程度
と推測される。
なお巡洋艦の損傷は、味方の誤射によるものであった。
それはともかく、両軍の戦果と損害の差はあまりに大きい。
人的な損失を見ても日本軍の四〇〇〇名に対して、アメリカ軍のそれはわずかに五〇名。
やはり惨敗という表現以外にない。
少々酷ないい方だが、アメリカの改装戦艦部隊にわざわざ砲撃の的を提供し、しかも真珠湾の仇を打たせてやっただけのことである。
決して死者に鞭打つつもりはないのだが、西村中将はなぜこれほどまでに、無能としかいいようのない戦いをしてしまったのだろう。
また後に続いた志摩部隊は、全く何もしないまま反転、退却していったのであった。

不可解な西村中将の指揮

このスリガオ海峡の戦いは、真夜中にはじまり未明まで続く夜戦であった。

それにしても日本側は、戦闘開始の前に次の三点を容易に予測することができたはずである。

(一) 敵がすでに陣形を整え、待ちかまえていること。
(二) 敵は戦力的に見て、自軍をかなり上まわっていること。
(三) 敵はきわめて優秀なレーダーを持ち、その使い方に熟達しているはずであること。

したがって当然ながら、慎重の上にも慎重でなければならない。

あらゆる面で優勢な敵艦隊と真正面からぶつかり合うのだから、もっとも避けるべきものは猪突猛進なのである。

具体的には、できるだけ多数の駆逐艦を本隊の前方に展開させ、敵の動静を探る。

これがなにより重要であろう。

またいったん戦いが開始されたら、突き進むばかりでなく、時には反転し、敵の目を欺く戦術も必要である。

ところが西村艦隊は、なんの手も打たないままコの字型に待ちかまえるアメリカ艦隊の正面に進んでいった。

このあたりを時間を追ってみていくことにしよう。

○最初に魚雷艇の攻撃を受けたのは
午後一〇時五〇分頃
○続いて駆逐艦の第一波の攻撃

二五日　午前零時頃
○第二波の攻撃
午後二時すぎ
があり、その後、一時間たって戦艦、巡洋艦部隊からの猛烈な砲火により壊滅していく。

つまり、大損害を受ける四時間も前から、連続的に敵の攻撃を受けていたことになる。

この事実から、味方の戦力、陣形が敵に発見されており、したがって強力な敵艦隊が待ちかまえている状況が当然、理解されていたはずである。

そうであれば、進撃の速度を落として再度敵情を把握するなり、いったん反転して駆逐艦隊を進出させるなり、打つべき手はいくつも思い浮かぶ。

それにもかかわらず、西村はなにもせず、いたずらに進み続けた。

すでに一度記しているが、西村、志摩の両部隊を合わせれば一一隻の駆逐艦を有していたのである。

これらをほとんど活用することもなく、好んで敵のレーダーに身をさらし、敵に損害を与える前に大打撃を受けるとは……。

さらに西村は、すぐあとから戦場に急行しつつある志摩部隊と、連係して戦うこともしなかった。

このスリガオ海峡の戦いにかぎらず、いったん戦闘となれば味方にある程度の犠牲が出るのはやむを得ない。

スリガオ海峡海戦後、日本兵に救助の手をさしのべる米魚雷艇隊員

しかし、待ちかまえる大戦力の敵艦隊の前に、充分な偵察もしないまま突進する心情はなんとも理解し難いのである。

もともとフィリピン沖海戦のさいの、西村、志摩部隊は味方からも決して重要視されていなかった。

あまりに旧式化していた山城、扶桑は酷ないい方だが、小沢部隊と同じ囮の役割しか果たせなかったのかも知れない。

それにしてもスリガオ海峡の戦闘は、残念ながら日本海軍の歴史の中で、もっとも無様なものだったのではあるまいか。

乗艦と運命を共にした指揮官をあまり責めたくないのだが、その反面、なんの戦果を挙げることも出来ず、敵を喜ばせるためだけに命を落とした数千人の男たちの心境も決して忘れるべきではない。

本来なら、なぜ西村がこれほどまずい戦い方をしたのか、専門家による分析が必要であろう。

海軍兵学校や海軍大学における教育、これまでの実戦の結果の分析、当然伝えられていたはずのレーダーの威力などがありながら、猪突猛進により一挙に二隻の戦艦を失うとは、なんとも信じられない。

この点に関しては、幾度となく繰り返し記しておくべきなのである。

西村や志摩といった提督は、これまでいったい何を学んできたのか、と。

日本海軍は前述のごとく、ルンガ沖夜戦を最後に、開戦以来しっかりと握っていた〝戦運あるいはツキ〟というべきものを失ってしまった。

以後の戦いにおいて、運はすべてアメリカ側に移っていたのである。

幾多の海戦にさいして、これは強く感じられるが、スリガオ海峡の敗北に関しては運やツキの問題ではない。

この海戦の分析としては、日本艦隊の指揮官があまりに無能だった、の一言で済んでしまうのではあるまいか。

ともかく世界の海戦史を繙《ひもと》いても、これほどの大敗は他に見出せないのであるから。

さらにいえば、防衛大学の戦史教育がどのように行なわれているか、知りたい気がする。

太平洋戦争で敗北した諸海戦の分析が、甘くなっていなければ良いのだが。

汲み取るべき教訓

このスリガオ海峡の戦いに関して、日本海軍の指揮官たちがあまりに無能であって、教訓をうんぬんするようなレベルではない。

我が国では、古来、死者に鞭打つことは好まないが、それにしてもたんに敵を喜ばすだけのような戦いに、どのような意義、価値を見出せばよいのだろうか。

とくに二隻の戦艦には、それぞれ千数百名の乗組員がいたが、ごくごく少数を除いてほとんど全員が戦死した。

しかも戦果は皆無だったのである。

アメリカの旧式戦艦部隊にとって、この戦いはまさに砲撃演習にすぎなかった。

教訓を強いて挙げれば、指揮官には柔軟な思想あるいは考え方もまた大切であるという教育をなすべき、としか言いようがない。

防衛大学の戦史教訓の中で、もっとも重視されなくてはならないのは、スリガオ海峡の戦いと思われるのであった。

プライドが立てた無謀作戦

第二次大戦中のインパール作戦やマーケットガーデン作戦、フォークランド戦でのバルカン爆撃行——軍人のプライドを満たすために行なわれた作戦は悲惨な結果に終わった！

過剰なプライドの弊害

戦争、紛争における作戦には多かれ少なかれ、人命の消耗がともなうのは間違いない。それだけに政治家、軍人は慎重の上にも慎重でなければならないのだが、現実の事例を見ていくと、必ずしもそうではない場面が多々見られる。

これに関しては、軍人の、良く言えば誇り、言い換えれば過剰なプライドが深く係わりあっている。

わが国の自衛隊員の場合、世界でも珍しくこの点に関して例外と言えそうだが……。

しかし、太平洋戦争のさいの日本軍人、なかでも陸軍高級将校のかなりの部分が、異常なまでに自己のプライドあるいは名誉欲にこだわっていた。

それが自分を律する形に表われるのなら大賛成だが、実際には他人への攻撃性となって出てることが多かった。

つまり、我《が》を張るのである。

さらにこれは自分と指揮下の部隊を、なんとしても戦争の立役者になりたい、したいという欲でもあった。

そのため、その作戦が本当に必要かどうか、さらには実施にさいして効果があるかどうか、疑問がありながらも実行された例が数多く存在する。

ここでは、そのような作戦をいくつか取り上げて検証したい。

○日本陸軍によるインパール作戦

これはもはや敗色の濃くなった一九四四年の春、インドとビルマ（現ミャンマー）国境の町インパールの占領をめざした日本陸軍の攻撃である。

インドの独立支援、連合軍による中国国民党軍への補給阻止が目的と言われたが、本当のところは、当時にあって海軍と比べてほとんどこれといった戦果を挙げていない陸軍の〝存在誇示〟のための作戦であった。

これには日本陸軍第一五軍、三コ師団一二万人が参加したが、上層部が心の底からこの作戦の必要性を感じていたかどうか疑わしい。

インパール作戦でインドをめざして軍旗を先頭に進撃する日本軍将兵

なぜなら、これだけの大兵力を投入していたにもかかわらず、本格的に補給手段を考えていなかったからである。

その結果、インド軍、イギリス軍との戦闘で初期こそある程度の成功をおさめるが、すぐに反撃され、補給の不足により戦死者を大幅に上まわる餓死者を出して、撤退を余儀なくされている。

ともかく作戦の発動に当たって、用意された弾薬、食糧はせいぜい二週間分であったのに、戦闘は二ヵ月も続いたのである。撤退の道筋には多数の餓死者が横たわり、その道は白骨街道とまで呼ばれたのであった。

一九四二年の春以来、このインパール作戦まで、ガダルカナルを除くと陸軍は大戦闘なるものを全く経験していない。

したがって、どうしてもこの時点で花道を作り、〝日本陸軍ここに在り〟と国民に知らしめたかったのであろう。

太平洋戦争中の、本当に実施する必要があったのかどうか、疑問符のつく作戦はいくつか考えられるが、このインパールこそ、その典型的なものだと思う。

このような本来実行されるべきではなかった軍事行動が、〝花を持たせる〟目的から行なわれ失敗に終わった例は、欧米にも見られる。

イギリス軍の出番作り

○イギリス軍のマーケット・ガーデン作戦
一九四四年六月、連合軍の大反攻ノルマンディーの戦闘が終わりつつあった頃、イギリス軍を中心に、史上最大級の空挺作戦が立案されていた。

これは三コ空挺師団をドイツ軍占領下のオランダに降下させ、ネーデル、マース、ワールなどの河にかかる複数の橋を確保するというものであった。

さらにこの地に駐留するドイツ軍を駆逐し、ノルマンディーから内陸に向かう主力を側面から支援する。

こう記すと、それなりに目的がはっきりしているように見えるが、裏には全く異なった思惑が存在していた。

上陸後快調に進撃を続けるG・パットン将軍ひきいるアメリカ陸軍に、イギリス側の最高指揮官が嫉妬に近いものを感じていたのである。

彼、マウントバッテンは、それまで日頃から仲の悪かったパットンの活躍を苦々しく眺めているしかなかった。

そしてなんとしても尊大なアメリカ軍の将軍の鼻を明かすべく、史上最大の空挺作戦を実行に移す。

もともとオランダは主戦場ではなく、しかも当時ドイツ軍はこの地域を重要と考えてはおらず、撤退の準備を進めていた。

しかし、連合軍の攻撃が始まると、機甲師団を中心に激しく反撃、さらにはこれを機に戦局全体を立て直そうとはかった。

もともと重火器を持たない降下部隊は降り立ったあと各地で敗北を続け、多数の戦死者、捕虜を出してしまう。

もう少し南方のフランスでは、アメリカ軍が圧倒的な勝利を続けているのに、オランダではイギリス軍が大損害を受けたのである。

この作戦を題材に制作された映画のタイトルである「遠すぎた橋」（A Bridge too Far）という言葉が、なによりも作戦の失敗を雄弁に語っている。

つまり占領するはずのいくつかの橋は〝あまりにも遠すぎて〟奪えなかったのである。

マウントバッテンと彼の幕僚たちが、アメリカ陸軍と張り合った結果が、最終的には九二〇〇名の損害となって表われた。

これに対してドイツ軍の死傷者は二五〇〇名に達していない。

マーケット・ガーデン作戦は、もともとやる必要がなかったのに、イギリスの高級軍人たちが、自分たちの出番を作るために行なったのであった。

○イギリス爆撃機の投入

それでは投入戦力の規模こそ大きく異なるが、現代の戦争における典型的なこの種の行動を見ていこう。

一九八二年三月から六月までの約三ヵ月、南米大陸の、それも南の端にあるフォークランド/マルビナス諸島をめぐる紛争が勃発した。

ここの（暫定的にフォークランドとイギリス側の呼称を用いるが）島々をめぐっては、古くからイギリスとアルゼンチンが領有権を争っていた。

そして約一世紀の間、イギリスが実質的な統治を行なってきている。

イギリス本国からはなんと一万二〇〇〇キロ以上離れているのに対し、アルゼンチン本土からはわずかに五五〇キロ、したがって当然ア側に属するように思われるのだが……。

しかし、どのような国家であっても、いったん領有を宣言した土地に対しては、容易に手放さないことは、これまでの歴史が証明している。

ともかく南極に近く、寒風吹きすさぶ、牧羊と漁業以外にこれといった産業のない島々をめぐって、イ/ア両軍の血が大量に流される事態となってしまった。

国連もまたこの紛争の予防、解決には全く無力で、ここに我が国における国連神話の崩壊の第一歩が感じられる。

戦争は、ア軍一万五〇〇〇人が突然主要な二つの島に侵攻したことによって開始された。

イギリスはすぐに持てる海軍力のすべてを動員して機動部隊を編成、さらに海兵隊と陸軍を送り、島の奪還を試みるのである。

イギリスにとってもっとも大きな敵は、アルゼンチン軍よりも一万キロを超えるその距離であった。

イギリス本土とフォークランドの間には広大な大西洋が横たわり、途中の基地はちょうど中間（イギリスから六八〇〇キロ、フォークランドから六〇四〇キロ）に位置するアセンション島のみとなる。

したがってイギリス本土から爆撃機にしろ輸送機にしろ、直接フォークランドに送り込むことは不可能であった。ともかくイギリス軍の航空機の中で、最大の航続力を持つニムロッド対潜哨戒機であっても、行動半径は三六〇〇キロに届かない。

このため三隻の軽航空母艦とその艦載機ハリアー、そしてエスコートの巡洋艦、駆逐艦、兵士を満載した輸送船を送り込まなくてはならなかったのである。

このフォークランド／マルビナス紛争は、ＶＴＯＬ（垂直離着陸）戦闘攻撃機ハリアーの大活躍により、苦闘しながらもイギリス側の勝利に終わる。

もちろん代償は大きく、

失われた軍艦　四隻

輸送船　二隻

航空機　三七機
死傷者　約五〇〇名
を記録してはいるが、ともかく奪回という戦争の目的は達せられた。

前述のごとく、この戦争の空の主役はもっぱらハリアー（海軍のシーハリアーと空軍のハリアーGR3型）であった。

しかし、イギリス空軍（RAF）の一部の人々は、この戦闘攻撃機の活躍を苦々しい目で眺め、別な航空作戦を立案、実行に移す。

このままでは全く出番のあろうはずのない大型爆撃機アブロ・バルカンを投入し、フォークランドのアルゼンチン軍に爆撃を加えようと考えたのである。

一発の爆弾のために……

バルカンは世界でも珍しい大型デルタ（三角）翼爆撃機で、この時点でイギリス空軍が十数機所有していた。

空軍における花形は、やはり戦闘機と爆撃機部隊であろう。

この時期、戦闘機（ハリアーGR3）はすでに軽空母に搭載され、戦場たるフォークランドへ向かっていた。

事実、空軍型のハリアーは、海軍のシーハリアーと共に制空、対地攻撃に大活躍する。

これに対してもうひとつの主役であるバルカン爆撃隊には、全く出番がなかった。

本土はもちろん、アセンション島からもフォークランドは遠すぎ、全く到達できない。空中給油を行なうとしても、給油機ビクターそのものも途中に基地がないから、不可能と考えられていた。

しかし、爆撃隊の上層部は、自分たちの参加できない戦争に我慢がならなかった。ここでなんとか参戦しておかないと、この後爆撃機自体が不要と判断される恐れもある。それだけではなく、部隊の論功行賞は無論のこと、プライドが許さない。

これらのことから、RAFは首相、国防省に働きかけて強引にバルカン爆撃機を出撃させるよう求めた。

このため、イギリス軍首脳は仕方なく、無駄と無理を承知で、大型爆撃機バルカンの投入を決めた。

繰り返すがフォークランドはあまりに遠い。それでも、なにがなんでもバルカンを出撃させなくてはならない。

この結果、二機のバルカンに対して、実に一七機のビクター給油機が用意され、作戦は一九八二年四月三〇日に実施となった。

だが、その結末は予想されたごとくお粗末なものだった。

二機のバルカンのうち故障を起こさずフォークランドに到着したのは一機のみで、レーダーにより二一発の四五〇キロ爆撃を投下した。

目的はポート・スタンレーの飛行場の滑走路の破壊であった。

しかし、命中したのは一発だけ、それもかなり中心からはずれてしまい、アルゼンチン軍機の離着陸にはなんの支障もなかった。

ほとんど効果のない一発の爆弾のために、大型爆撃機二機、給油機一七機、そして八〇〇トンにおよぶ高価な航空燃料が使われた。

しかもビクターの航続力不足から、給油機から給油機への空中給油も実施されなくてはならなかった。

また帰途、天候の悪化によりバルカンと給油機二機があやうく失われるところであった。

このような結末にイギリス国内では非難の声が上がったが、一ヵ月後RAFは再びバルカン一機を送り出す。

この爆撃行はア側のレーダーの破壊を狙ったものだが、帰投の空中給油のさい、バルカンの給油装置が破損、アセンション島までたどりつくのは不可能となってしまった。

同機は仕方なくなんと中立国のブラジルの飛行場に不時着、そのまま抑留となる。

このように、爆撃機部隊に花を持たす目的で行なわれ、はじめからそれほどの軍事的意味のない作戦が、現代にあっても二度にわたって実施されたのであった。

これ以後、イギリスの爆撃機部隊の存在価値はますます低下し、間もなく消滅、恐れていたとおり、爆撃機自体がRAFからなくなってしまう。

また他の国の空軍も、この金喰い虫といわれる機種を装備リストからはずしたのである。

したがって今に残るのは、世界中を見渡しても一〇〇機前後のロシア、一五〇機のアメリカ爆撃機だけとなってしまった。

そうなると、フォークランド戦争におけるバルカンの出撃は、イギリス生まれの巨鳥の最後の花道だったと言えるかも知れない。

汲み取るべき教訓

どこの国の軍人でも同じであろうが、一般の民間人よりもプライドが高い。だからこそ戦闘に耐え得るということもあるのだが、その反面、プライドのためなら自分の意向を強引に押し通そうとする傾向が強いのである。

戦史を学ぶと、このような形であまり意味のない作戦が実行され、その結果、戦果、価値が得られないまま、損害だけが大きいという実例が多々見られる。

これを防ぐには、どうすれば良いのであろうか。

そのひとつは、作戦の立案に際して、ここにもシビリアンの参加を認めさせることである。これがほとんど唯一の、無用な作戦の実施を阻止する方策だが、現実は厳しい。

この形を取り入れているはずのアメリカでさえ、多くの失敗を繰り返しているのだから。そのうえ時にはシビリアンが、軍部よりも強行策を推進する場合もある。

この点からは、常に国民の視線にさらされている我が国の政府と自衛隊こそが、最良の道を歩んでいるように思える。

増槽が決した戦局の行方

戦争の行方を左右したもっとも小さな失敗とはなにか⁉　それはバトル・オブ・ブリテン時のメッサーシュミットＢｆ109戦闘機が、落下タンクを装備できなかったことであろう！

戦局を左右したレーダー

第二次世界大戦の勝敗を決定づけた要素は、歴史家、戦史研究家によって種々挙げられている。

その中のいくつかに関しては、それぞれの研究者が申し合わせたように必ずリストに掲げ、かつすべての人が同意するものである。

まずなんと言っても、アメリカの工業力がその筆頭であることに、異を唱える者は少ない。

また勝利に直結した兵器をひとつだけあげるとすれば、間違いなくアメリカ、イギリスの電波兵器、具体的にはレーダーであろう。

それ自体、なんの攻撃力を有しない機器が、枢軸側の戦力を見事に削《そ》ぎとってしまったのだから。

一九四〇年の中頃から威力を発揮しはじめたレーダーは、その後欧州戦域、太平洋における戦局を逆転させるほどの威力を示したのである。

ところで、ここでは逆に、思いもよらぬほんの小さな失敗が、戦争の行方に大きな影響を与え、以後の歴史さえ変えてしまった実例について論じよう。

そのためには、一九三九年九月に勃発した第二次大戦の、ごくごく初期の推移を振り返らなくてはならない。

戦争は前述のごとく開始されたが、ドイツ軍がポーランドを占領したあと、しばらく大きな動きのないままの状態であった。

たしかにイギリス戦艦ロイヤルオークの沈没、ドイツ戦艦G・シュペーの自沈、ドイツ軍のデンマーク、ノルウェー侵攻などがあるにはあったが、約半年の間、独英仏の大衝突はなかった。

この期間を指して〝まやかしの戦争〟〝大休止〟などと呼ぶ歴史家もいる。

しかし、春の訪れと共に、ドイツ軍はフランスに侵攻し、ついに全面的な戦争にいたる。

そして、ドイツ軍とほぼ同等な戦力を持っていたフランス軍は、敵の新戦術〝電撃戦〟と自軍の指揮系統の混乱から、わずか一ヵ月で壊滅する。

このとき二〇万人の援仏イギリス陸軍は、命からがらダンケルクの海岸をあとに三〇キロの海をわたり、ようやく本国へと脱出するのであった。

こうしてイギリスの命運を賭した新しい戦いが幕をあけ、本稿の主題が浮上する。

これがイギリス本土航空戦、つまり広く知られたバトル・オブ・ブリテン〝英国の戦い〟である。

ルフトバッフェ対ＲＡＦ

ポーランド、ノルウェー、デンマーク、そしてフランスを手中におさめたドイツ軍の次の目的は、だれの目にもイギリスの占領であることは明白であった。

こうなると、ドイツ軍にとっての当面の敵は次のふたつとなる。

(一) ドイツ海軍の一〇倍近い戦力を有するイギリス本国艦隊。

(二) 約一〇〇〇機からなるイギリス空軍戦闘機部隊。

これらを撃滅できれば、イギリス本土は熟した柿のごとくヒトラー総統の手に落ちる。

ルフトバッフェ(ドイツ空軍)は、この目的のため、持てる戦力を結集して、イギリス空軍、とくに戦闘機集団に打撃を与えようと試みた。

占領したフランスとノルウェーの基地に、

単座戦闘機　約二〇〇〇機

双発戦闘機　二五〇機

単発爆撃機　二六〇機

双発爆撃機　一〇〇〇機
を配備する。
単座戦闘機はすべてメッサーシュミットBf109E型で、その主たる任務は言うまでもなく侵攻する爆撃機のエスコートである。
爆撃機に先行してイギリス軍戦闘機を掃討する、あるいは自軍の爆撃隊を直接援護するという違いはあるにしても、広義のエスコートには変わりない。
また、航続力から見て双発爆撃機はノルウェーの基地から、Bf109はフランス西岸の基地から発進するのが一般的であった。
狙うのは、イギリスの軍港と艦船、工場、大都市、航空基地そして空軍機そのものである。
これに対してイギリスは、
スーパーマリン・スピットファイア三七〇機
ホーカー・ハリケーン七一〇機
他の単座戦闘機約一五〇機
を揃えて迎撃態勢を整える。
一九四一年七月から一〇月にかけて、イギリス本土、英仏海峡上空では連日のごとく、英独の航空機による大空中戦が展開されることになった。
両軍の戦闘機戦力を見ていくと、イギリスの一二三〇機に対してドイツは約二倍となっている。

この点からイギリス空軍の劣勢は明らかだが、次のような有利な部分もあった。
（一）新兵器レーダーの支援。
（二）本土上空での戦闘。
逆に見れば、これらはドイツ側にとって大きなマイナス要因となる。

さて、当然ながらこの史上最大規模の航空戦は、ルフトバッフェの戦爆連合編隊の侵攻とイギリス空軍（ＲＡＦ）の要撃であった。

その激しさは、戦闘に参加した
ユンカースＪｕ87スツーカ急降下爆撃機
ボールトンポール・デファィアント単発複座戦闘機
といった低性能機をすぐさま無用の長物とするほどであった。

これらはいずれも、〝英国の戦い〟では生き残れないことが判明した。

この航空戦は同年九月に山場を迎えるが、それ以後、急速に縮小されていく。

ドイツ空軍の爆撃機隊は、メッサーシュミット戦闘機隊の必死の活躍にもかかわらず、大損害を被ってしまったのがその原因といえる。

たった四ヵ月で、損失数は三五〇機に達し、割合で言えば爆撃機の三五パーセントである。

このような戦闘を続ければ、早晩ルフトバッフェの戦力は大幅な低下を免れない。

燃料が心配なＢｆ109

ドイツ爆撃機隊がこれだけ痛めつけられた最大の要因は、エスコート任務のBf109の能力不足にあった。

より端的に言えば、航続力の貧弱さである。

フランスの基地から、敵国の首都ロンドンまでわずか約一六〇キロ。

われわれの感覚から言えば、たいした距離ではないように思える。

しかし、もともと落下式の燃料タンクを装備できないBf109E戦闘機にとって、これでも航続力不足は深刻な問題となった。

離陸後、大編隊を組み侵攻するとなると、ロンドン上空の滞空時間はせいぜい一五分であり、いったん空中戦が始まれば短時間のうちに大量の燃料を消費する。

巡航時と空戦時の消費量は、多分一対三まで増加するはずである。

ドイツ軍戦闘機の弱点に気付いたイギリス空軍は、たとえ敵を撃墜できなくとも、しつこく相手に絡みつく戦術をとりはじめた。

こうすればドイツ戦闘機は燃料が不足し、基地までたどり着けなくなる可能性が高い。

結局、海峡に不時着水を余儀なくされ、その結果は撃墜されたのと同じことになる。

またスピットファイア、ハリケーン戦闘機は、本土の上空で戦っているので燃料の心配はいらない。

燃料が不足すれば、間近な基地に着陸し、再度戦闘に参加する。

この状況が〝英国の戦い〟の行方を明確に示したのである。

四ヵ月に及ぶ戦闘の決算としては、
ドイツ戦闘機の損失　　五五八機
　〃　爆撃機　〃　　単発四七機
　　　　　　　　　　双発三四八機
イギリス戦闘機の損失　　七一五機
であった。
航空機搭乗員の戦死者数は、ドイツ側二五〇〇名、イギリス側六〇〇名前後であろうか。正確な記録は残っていないが、この戦いの最中、敵に撃墜されたのではなく、燃料不足で基地に戻れなかったＢｆ109は二〇〇機近かった。
ともかくある戦闘航空団では、所属する操縦士の二三パーセントが、海峡へのディッチング（海上不時着）を経験したとのことである。
この証拠が現在にいたるも残されている。
イギリスの西サセックス州に、この航空戦の資料をおさめた博物館があり、ここにはバトル・オブ・ブリテンで撃墜された両軍航空機の数、乗員の氏名、墜落場所が詳細に示されている。
さらにこの博物館にはイギリス東部、そして英仏海峡の砂浜から集められたメッサーシュミットやスピットファイア、ハリケーンの残骸が山になっていた。
もはやスクラップとしての価値しかないのだが、歴史的航空戦の物言わぬ証人たちなのであろう。

間に合わなかった増槽

ところで、結局この戦いの勝敗は、前述のごとく侵攻するBf109の航続力にかかっていた。

資料によってデータはかなり異なるものの、当時の主力戦闘機の航続力は次のとおりである。

日本海軍零式戦闘機二一型・一七〇〇キロ
〃陸軍一式戦闘機一型・一一〇〇キロ
アメリカ海軍F4F・一一二〇キロ
〃陸軍P40・一一四〇キロ
イギリス空軍スピットファイアMk2・六一〇キロ
ドイツ空軍Bf109E・五六〇キロ
ソ連空軍MiG3・八二〇キロ
フランス空軍MS406・八〇〇キロ
イタリア空軍G50フレッチア・六七〇キロ
〃MC200・八七〇キロ
（注・いずれも内蔵のタンクのみの数値）

やはり太平洋の存在と航空母艦の有無が、ヨーロッパ、アジアにおける戦闘機の航続力を

燃料タンクを3個吊るした台湾空軍のミラージュ2000戦闘機

明確に区分している。

日米の戦闘機は、落下タンクを装備しなくとも軽く一二〇〇キロの距離を飛ぶことができる。

これと比較してヨーロッパ諸国のそれらは、せいぜい六〇〇キロといったところで、その差は五割と大きい。

ヨーロッパの戦場は、それだけ狭いということなのであろう。

そのうえ、日本海軍の零戦、そしてその前の九六式艦上戦闘機も、初期型の段階から落下式燃料タンク、いわゆる増槽の装着が可能であった。

それだからこそ、零戦は台湾とフィリピン、ラバウルとガダルカナル間（前者は往復一五〇〇キロ、後者は二〇〇〇キロ）を飛び切り、戦うことができたのである。

もちろん、長距離侵攻は単座戦闘機のパイロットに大きな負担を強いる恐れはあるものの、その一方で長大な航続性能は哨戒、戦闘時の長時間滞空を可能にしているということでもある。

このメリットは数字として表わしにくいが、充分に評価しなければならない事項であろう。話をバトル・オブ・ブリテンのＢｆ109に戻すが、この戦いにさいして同機が落下タンクを装備できなかったのは、ルフトバッフェ最大の失敗である。

このこともあって、Ｅ型の後期型や、後のＦ、Ｇ型は、あわてて三〇〇リットル入りのタンクを胴体下に吊り下げて、航続力を増大させている。

もしこれがバトル・オブ・ブリテン当時に可能であったならば、一九四一年の夏から秋にかけての戦局は少なからず変わっていたのではあるまいか。

これによりロンドン上空における滞空時間が少なくとも三〇～四〇分延長され、海峡に不時着する機体も激減したはずである。少々大仰ではあるが、たったこれだけのことで、世界の歴史は別の方向に動いたかも知れない。

こう考えるとルフトバッフェ、ならびにドイツの設計陣は、やはり将来起こるべき戦争の形を明確に把握できていなかったのである。

加えて救国の英雄とも言われたスピットファイア戦闘機も、逆に大陸に侵攻する時期になった折、完全に馬脚を現わすことになった。

航続距離が短かすぎて、自軍の爆撃機をエスコートできないのである。

さらに他のイギリス製の単発戦闘機も、最後までこの呪縛から逃れられず、爆撃機のエスコートという華々しい役割は、アメリカ軍のＰ38、Ｐ47、Ｐ51にまかされる。

スピットはもちろん、後継のタイフーン、テンペストもこの任務に関するかぎり指をくわえて見ていなければならなかった。

この点からは、イギリスの戦闘機設計者の概念もドイツのそれと変わらない。

それにしても一機種の戦闘機の落下タンクの装着の可否が、歴史に影響を与えたのである。

この航空戦の犠牲者の悲惨を別にすれば、だから歴史は面白い、という他はない。

汲み取るべき教訓

第二次大戦時のドイツの軍事技術に目を向けると、アメリカと違ってかなり〝いびつ〟といった印象が残る。

この最大の部分が、本文で取り上げた戦闘機の落下タンクの採用の遅れである。

戦争中にジェット戦闘機Ｍｅ262、弾道ミサイルＶ２ロケットを実戦に投入したほどの、驚くべき技術の反対側で、落下タンクの導入は遅れに遅れてしまった。

これは一体、どのような理由からなのだろう。

省《かえり》みるに、ドイツのエンジニアたちは、画期的な技術にばかり目を向け、すぐ身近にある兵器の改良への努力を怠ったのかも知れない。

さらにその裏には、戦闘機の航続力はこの程度で良い、とする思い込みがあった。

なんとこれは、バトル・オブ・ブリテンという実際の戦闘に敗れるまで、誰一人として気付かず、その代償はあまりに大きかったという他はない。

日本海軍の最も惨めな失策

日本海軍がおかした数多くの失策の中で、もっとも惨めなものと思われるダバオ上陸誤報事件と巨大空母信濃の喪失の二つを取り上げ、海軍の本質にメスを入れる！

米軍最大の被害は台風

古来、戦争の勝敗は、失敗の多寡《たか》（多いことと少ないこと）によって定まる、と言われている。

戦史を繙《ひもと》くとき、誰でもそれが事実に近いことがわかる。

戦略という点からは、イギリスとの戦局の行方が不明のまま、対ソ戦に踏み切ったドイツ第三帝国ヒトラー総統の判断の誤りがその顕著な例である。

一方、戦術面では、航空機の掩護なしに戦艦二隻を送り出し、一日にして二隻共に失うことになったイギリス東洋艦隊首脳のミスが挙げられる。

より小さなものでは、昭和一七年六月のミッドウェー海戦のさい、エンジンの故障から偵察機（重巡洋艦利根搭載）を送り出させなかった日本艦隊の失敗が、この戦いの大敗につながっている。

皮肉なことに、アメリカ機動部隊は、まさにこの偵察機が受け持つ索敵線上にあったのだから……。

これら以外にも大小を問わず――その多くは判断のミスだが――失敗がそのまま敗北につながった実例はいくらでも挙げることができよう。

もっとも太平洋戦争の場合、一九四三年以降のアメリカ軍はほとんど失敗という失敗を記録していない。

最大のものでも四四年一二月、フィリピン沖合で第三艦隊が大型の台風に遭遇、大被害を出してしまった〝事件〟くらいであろうか。

このときの損害は、駆逐艦三隻沈没、空母八、巡洋艦一、駆逐艦一一隻損傷であった。

もちろん、日本軍の特別攻撃隊（航空機、人間魚雷回天）により、損害は出してはいるものの、それらを〝失敗〟と断定することはできない。

これと比べると、日本軍、とくに日本海軍はあらゆる面で失敗を繰り返し、自ら墓穴を掘っていくことになる。

ところで、そのうちのもっとも惨めな失敗はなんだったのであろうか。ここでは、そのうちの二つを取り上げる。

浮き足立った将兵たち

一、ダバオ上陸誤報事件

昭和一九年九月上旬、フィリピン諸島のひとつミンダナオ島南部ダバオにおける事件である。

ここには、

日本海軍の第三二特別根拠地隊

〃　第一航空艦隊

日本陸軍の第一〇〇歩兵師団

の司令部と部隊の大部分が駐留していた。

指揮官としては三人の中将、戦力としては一〇〇機を超える航空機、一万五〇〇〇名の将兵といったものである。

昭和一九年の九月というと、この年の六月、日本海軍はマリアナ沖海戦で大打撃を被り、航空戦力の回復に全力をあげていた時期であった。

このことから、同地の第一航空艦隊は当時にあって、日本海軍の中核となる部隊といえる。

九月一〇日未明、ダバオの海岸に設けられていた哨所から、多数の上陸用舟艇が接近中との緊急報告がこの地域の警備に責任を持つ根拠地隊に届いた。

これをきっかけとして、現地の陸海軍が未曾有の大混乱におちいるのである。

『アメリカ軍の大部隊　上陸開始』の報はまたたく間に広がり、三つの司令部はもちろんのこと、航空部隊、歩兵部隊も浮き足立ってしまう。

第三二特別根拠地隊は、警戒体制もろくに整わないうちに、軍需物資の一部の焼却を開始、同時に傷病者を近くの山中に避難させ、病院施設を爆破する。

一〇〇機余りの海軍機は、全く反撃することなく緊急に離陸しセブ島のセブ基地へ移動した。

さらに第一〇〇歩兵師団も海岸の陣地を放棄し、山中に立てこもるべく、車両に食糧、武器、弾薬を積み込みはじめた。

しかし――。

米軍上陸の報から数時間たつと、はじめて日本軍の将兵は首を傾げた。

上陸のさい、必ず並行して行なわれるはずの艦砲射撃も爆撃も全くないのである。

海も空も静かで、一発の銃声も聴こえてこない。

忙しく飛びまわり、動きまわっているのは味方の飛行機や兵士だけであった。

まさに狐につままれた、という表現がなによりに適切なのである。

敵が上陸しているはずの海岸にいってみれば、いつもと変わらず青い海と沖に砕ける白波が見えるだけ……。

アメリカ軍が大挙上陸という報告は、完全な誤報だったのである。

海岸哨所にいた一人の兵士が、遠くの白波を上陸用舟艇と見間違え報告。

しかも、だれ一人としてそれを確認しないという信じられない失敗が、これだけの大騒ぎを引き起こしたのである。

ダバオの海岸から陸海軍の基地までの距離はわずか数キロ、市内の高所に登れば肉眼でも見渡せる。したがって、偵察機を発進させるまでもなく状況はわかったはずなのだが。

それにもかかわらず、三人の中将をふくむ日本軍の士官、兵士はあわてふためき、右往左往する。

誤報と判明したあと、彼らはなんともバツの悪い思いで顔を見合わせたに違いない。

繰り返すが、一発の砲弾、爆弾が落ちてくるわけでもなかったのに、一万数千名の将兵が目の前の海岸に敵が上陸してきたと思い込み、陸軍も海軍もそれを鵜呑みにしたのであった。

もちろん信じ込んでしまうだけの下地は、当然存在している。

九月初旬の二日間、それほど規模は大きくなかったもののアメリカ軍艦載機による攻撃があり、これが上陸の予兆と思われたのであろう。

この誤報だけならまだよかったのだが、さらに〝事件〟は不運を呼び込んでいる。敵上陸のさいに、海軍の航空部隊はいったんセブ島に退避することがあらかじめ決まっていた。

そのとおりに再建中の第一航空艦隊の戦闘機、爆撃機はセブに向かったのだが、偶然ここはアメリカ軍の攻撃を受けている最中であった。

この日から二日間にわたり、戦う心構えの全くなかった日本海軍機はセブ周辺で不利な戦闘を強いられ、保有機の六割を失ってしまう。

この損害は一ヵ月半後に勃発したレイテ沖海戦において、日本側の基地航空戦力の弱体化となって表われるのである。

それにしても、このダバオ誤報事件ほど、浮き足立ってしまっている日本軍の状況を如実に示すものはあるまい。

そこにあるのは、もはや単なる〝失敗〟といった概念をはるかに超えてしまっているのであった。

日本海軍の失敗の集大成

二、巨大空母信濃の喪失

いかに科学技術を駆使して戦われている戦争であっても、そこに人の力ではどうすることもできない〝運の存在〟がある。

米潜水艦の放った４本の魚雷で沈没した重防御空母信濃のスケッチ

開戦以来、運あるいはツキといったものをしっかりと握っていた日本海軍であったが、それも昭和一七年初頭という時期と共に完全に過ぎ去っていく。

たとえば、昭和一九年六月、実質的には史上最後の機動部隊同士の戦いとなったマリアナ沖海戦における正規・艦隊空母大鳳の喪失である。

日本海軍の最新・最強であったこの航空母艦は、潜水艦アルバコアの放ったたった一発の魚雷によって沈没してしまった。

彼女は、船体はもちろん、飛行甲板にまで装甲を施しており、その抗たん性は充分と考えられていた。

しかし、魚雷の命中により航空機用の燃料貯蔵庫に亀裂が入り、そこから洩れた揮発性ガスになんらかの火が引火、大爆発を起こしたのである。

アルバコアからの魚雷の命中個所が少しずれていたり、また損傷後の復旧措置が適切に行なわれていたら、大鳳は中破程度で生き延びたに違いない。

この大型空母の喪失は、前記の経過から運がなかった、

信濃を撃沈した米海軍のパラオ級潜水艦アーチャーフィッシュ

ということもできる。

それとは全く反対に、出撃と同時に失策とミスが重なり、ただただ敵を喜ばせる役割しか果たせなかったのが、もう一隻の大型空母信濃である。

広く知られているように、彼女は大和型戦艦の三番艦として起工している。

全長は二六六メートル、基準排水量は六万二〇〇〇トンといわれた。

したがって満載時の排水量としては七万トンという、当時にあっては世界最大の軍艦であった。

戦艦からの改造であるため、搭載機の数は五〇機に満たず、この点からは不満が残る。

その反面、艦としての防御力は当然大和、武蔵と同じ程度に大きかったはずである。

ところがこの信濃は、就役から一〇日目、全く戦局に寄与することなく太平洋に姿を消してしまう。

試験航海をかねた輸送任務に従事している折、アメリカ潜水艦アーチャーフィッシュの雷撃を受けたのである。

四本の魚雷が命中し、その数時間後、浸水によって大傾斜、そして転覆、沈没にいたる。数年の歳月、数万トンの鉄材、三〇〇万アワーを超す労力のすべてが、ものの見事に多くの人命と共に消え失せたのであった。

これは昭和一九年一一月二九日の出来事だが、いかに敗色濃厚とはいえ、あまりに惨めという以外に表現のしようがない。

疑いもなく彼女こそ歴史において、もっとも薄幸の軍艦なのである。

この巨大空母の喪失を見ると、日本海軍のすべての失敗がここに収斂《しゅうれん》しているように思える。
○たいして重要とも思えない輸送任務に、生まれたばかりの最新鋭空母を使い、
○敵潜水艦の跳梁する海域を、充分な護衛艦の随伴なしに航海させ、
○ほとんど本格的な訓練を受けたことのない兵員を乗り組ませ、
○魚雷命中後も、充分な回復措置をとらずに失ってしまった。
とくに最後の項では、被雷のあとも速力を落とさずそのまま航海を続け、気がつくと転覆寸前という体《てい》たらく。

この信濃とほぼ同様の抗たん性を持つと考えられていた戦艦武蔵は、その一ヵ月前にフィリピン沖で沈没する。

しかし、このときの武蔵の被害状況は、航空魚雷二〇本以上、中型爆弾十数発であった。沈むにしても、武蔵は信濃の五倍の損傷に耐えたのである。

同じ抗たん性を有していても、沈没にいたるまでに、これだけ大きな違いが存在したのであった。

たしかに昭和一九年の末となれば、日本の国力は消耗し尽し、なにをやってもマイナスの面のみが露呈する有様といえた。物資や人材のすべてが不足、しかも相変わらず戦争を続けなくてはならない現実が目の前にある。

それにしても、信濃という大航空母艦の最後を知ると、日本海軍の失敗の総集編とさえ思える。

これは言い換えると、上層部の無責任という一言に尽きるのである。

そしてまた、ある面からはダバオにおける大誤報事件と同じ傾向が見られる。ともかく指揮官という地位にある者が、自分の目で現場を見ようとしない。

ただその一方で、今に生きる我々に、当時の人々を非難できるのか、という気もしている。日々の生活に追われていることもあるにはあるが、広く社会をながめ、少しでも自分をふくめた国民の生活を良くするための努力をしているかどうか、といったことである。

あるいは税金を貪欲にむさぼり、またあるいは自己の利益のみを追求し、そのツケを庶民に回そうとする輩が跋扈《ばっこ》している国の状態は、今も昔もあまり変わっていないのではと思う昨今である。

もっともより冷めた見方をするならば、日本人に限らず、このあたりが人間という種の限界なのかも知れない。

汲み取るべき教訓

ダバオ誤報事件、巨大空母信濃の沈没の詳細を学ぶと、まず思い浮ぶのは『負け戦《いく》さとはこんなもの』という自嘲的な想いである。敗色の濃かった平家の軍隊は、水鳥の羽音を敵の軍勢の来襲と思い込んだが、ダバオでは沖の白波を敵の上陸用舟艇と見誤った。誰一人として自分の目で確認しないまま、日本軍部隊は慌てふためいてしまったのであった。

信濃の航海に関しては、これだけの巨艦を輸送艦として出動させる必要があったのかどうか疑問が残る。

出港を要請したのは誰か、許可を出したのは誰か。そして責任をとった人物は存在したのか。

この無責任さだけは、例えば社会保険庁の管轄下に巨大施設を次々と建設し、莫大な赤字のツケを国民にまわして、誰一人責任をとろうとしない現在の国家組織と酷似しているのである。

中越戦争の教訓は生きていた

懲罰のための隣国ベトナムへ大軍をもって侵攻した人民解放軍は、当初の目的こそ達成したものの、対米戦で鍛えられたベトナム軍の頑強な抵抗により予想外の大損害を喫した！

国境付近の限定戦争

東南アジア、とくにインドシナ半島を舞台にして、一五年ほど続いたベトナム戦争は、一九七五年の春に幕を閉じる。

これによりこの地に平和が訪れるかに見えたが、それも長く続かず、五年とたたないうちに再び戦火が立ち昇った。

戦ったのは中国人民解放軍とベトナム人民軍で、どちらにも〝人民〟の文字が入った軍隊である。

ベトナムは〝越、あるいは越南〟と記されることから、この戦争は『中越戦争』と呼ばれた。この名称は日本、中国とも全く同じである。

数年前、つまりベトナム戦争のさいには強力な同盟関係を誇っていた共に社会主義国の軍隊が、なぜ闘うことになってしまったのだろうか。

歴史的に見ると、中国はいつの時代にも南下をはかり、ベトナムと衝突している。

つまり中国としては、すぐ南の地に異民族の大国が出現するのを、本心から嫌っていた。

さらに断続的に続くカンボジアの内戦も、この戦争の原因のひとつと考えられる。

中国とベトナムは、それぞれが異なる勢力を支持し、それはカンボジアの悲劇へとつながっていった。

とくに中国は、生まれたばかりのポル・ポト政権を盛り立てるが、この原始的共産主義グループはのちに同胞二〇〇万人を虐殺する。

一方、ベトナムが肩入れしたのはベトナム系カンボジア人たちで、両者の軋轢《あつれき》は結局、中越の戦争へと拡大してしまった。

一九七九年の春、中国軍は「前年、カンボジアへ侵攻したベトナムへの懲罰《ちょうばつ》」といった信じられない口実のもと、三方向からベトナム北部へ侵入する。

ひとつの独立国がもう一方の独立国を懲罰するなど決して許されることではないが、共産中国は世界の常識に一瞥も与えず、戦争を仕掛けたのであった。

戦場は中国の南部、ベトナムの北部国境であり、標高一〇〇〇メートル前後の山々が連なる地域といえる。

山あいにいくつかの町、そして農地が点在し、それ以外はベトナム南部ほどではないが濃密な森林である。

この地に中国軍は八個軍、約二四万人の兵力を投入し、ふたつの目的を達成すべく猛烈な攻撃を開始した。

そのひとつは国境から一〇ないし二〇キロのところにある地方都市の占領と破壊、他のひとつはベトナム軍に打撃を与えることで、これらが中国のいうところの懲罰に当たる。

もちろんベトナム領内深く侵入し、全土を手中におさめようなどと考えてはいない。

この点からは節度を有する限定戦争であった。

他方、ベトナム側から見ると、それらはあくまでも大国の横暴であって、当然反撃する権利を有する。

ただしベトナム軍としても、侵入してくる中国軍を完全に撃滅しようとはせず、できるかぎり大きな損害を強要して撃退すればそれでよい。

このため大規模な国境紛争とも言えるこの戦いは、終始一貫して中国の攻勢、ベトナムの防御という形であっ

中越戦争における中国陸軍の通信兵

た。

またベトナム側は、常に中国軍の五、ないし六割の兵力しか投入せず、それも地方軍、正規軍が半分ずつの編成であった。

師団の種別から見ていくと、

西部国境防衛隊／三コ師団（地方軍）

南部国境防衛隊／三コ師団（地方軍）

首都防衛隊／五コ師団（正規軍）

を動員した。

総兵力は一二万ないし一三万人と、中国軍の約半数と見込まれる。

また両軍とも数は多くないものの、空軍機を参加させた。

機動戦を展開した越軍

さて戦場となったのはランソン、カオバン、ラオカイ（いずれもベトナム読み）の三都市である。

これらは人口数万から十数万人の地方都市であるが、思いも寄らずこの戦争から広く知られることになってしまった。

戦闘は二月下旬から激しさを増し、中国軍は大量の戦車を投入、山の斜面に陣地をかまえるベトナム軍に襲いかかる。

ベトナム軍によって破壊された中国軍の62式軽戦車

兵員数から言えば半分ではあるが、アメリカとの永年の戦いによって鍛えられているベトナム軍は頑強であった。

ドンダン、モンカイなどの村をめぐる戦闘における損害は、中国軍二〇〇〇名、車両四〇台全損であるのに対し、ベトナム側のそれは八四〇名、車両三台にすぎない。

しかも一時占領したドンダンも、二日ののちには奪いかえされる有様である。

ベトナム軍は、ベトナム戦争の終結時に手に入れたアメリカ製のM113装甲兵員輸送車数百台を活用し、小規模ながら機動戦を展開するほどであった。

また中国軍は、国産の六二式軽戦車を多数戦場に持ち込み、これに期待をかけていた。

この戦車は重量二〇トンたらずと軽量で、寸法的にも小さく、山岳や森林での使用に適していると考えられた。ところが装甲が二〇～三〇ミリと薄く、ベトナム側のRPGロケット砲はおろか、重機関銃によっても簡単に破壊されてしまった。

戦後に提出された中国側の報告でも、この事実が強調されている。

三月に入ると中国軍は新たに二コ軍（他国の師団に相当）を増援、これによって戦局は多少攻撃側に有利となった。

それでもベトナム軍は粘り強く闘い続け、両軍の損害は急増していった。

三月一五日にいたると、ベトナム側は徐々に撤退し、中国軍は前記三都市を占領する。

しかし、一週間とたたないうちに目的を達成したと考え、自国領内へと戻りはじめた。

これによって小競り合いをふくめ、約一ヵ月にわたった中越戦争はようやく幕を降ろす。

当時、他国の軍事専門家は、両軍の戦死者数を四〇〇〇〜五〇〇〇名と予想していたが、最近公表された資料からは別表のごとく、それよりずっと多かった事実が明らかになっている。

結局、中国軍は、懲罰攻撃を実施し、一応目的を果たして撤退したわけだが、このさいランソン、カオバン、ラオカイの三都市の建物をダイナマイトを用いて徹底的に破壊した。

戦火をまぬがれた寺院から記念碑の類まで、わざわざ壊して去っていったのである。

この行為はあらかじめ作戦計画の中に入っていたのであろうが、見方によっては、懲罰攻撃とは言いながら、自軍の痛手が思いのほか大きかった状況に対する腹いせと思えないこともない。

後述のごとく、この一ヵ月間の戦死者について、中国側は「自軍二万六〇〇〇人、ベトナム軍三万人」と発表した。

しかしベトナム側は自軍の戦死者を一万七〇〇〇人としているから、両軍の発表した損害をみると、中国二万六〇〇〇人、ベトナム一万七〇〇〇人となる。

これがもっとも正しいと考えられる。

つまり中国側は、ベトナム軍より一万人多い犠牲を払ったのであった。

それだけではなく、中国人民解放軍は最近になって、中越戦争の詳しい情報を開示した。それによると、この戦争に関して最初から最後まで、失敗の連続であったようである。

大祖国戦争（ドイツとの戦争）のさいのソビエト軍と同様、社会主義国はこれまで自軍の失敗も損害も、ほとんど公表せずにきている。

ところが、ある程度民主化が進んだためか、驚くほど率直に中国軍の現状を抉《えぐ》り出しており、筆者も最初にこれを目にしたとき、信じられない気さえした。

公表した自軍の敗因

それでは早速、この戦場における失敗を詳しく見ていくことにしたい。

ともかくこの大規模国境紛争の両軍の戦死者は四万三〇〇〇名を数え、明らかに一九三九年夏、旧満州・モンゴル国境付近で勃発した『ノモンハン事件』よりも大きな戦いであった。

そして中国軍は当初の目的こそ達成したものの、思いもよらないベトナム軍の強力な抵抗に遭遇、大損害を出した。

そのため、大変珍しいことに、失敗の原因を赤裸々に公表している。

ここでも中国の民主化は明らかに進んでいるものと思われるので、さっそくそれらの記録を掲げるとしよう。

一、越軍の抵抗は予想をはるかに超え、それにより中国側は戦車、歩兵、砲兵の協同がはかれず悲惨な状況となった。

二、前線の情報収集がうまく進まず、そのため砲兵の支援の効果が充分でなかった。

三、五九式中戦車、六二式軽戦車が投入されたが、後者は防御力不足で、越軍の持つ対戦車火器によって簡単に撃破された。

四、越軍と比較して歩兵戦闘車が不足し、歩兵部隊の機動力に大差があった。

五、医療、防疫（伝染病の予防）能力が充分でなく、これによって死亡者が増加した。

六、工兵の技量、資材とも不足。とくに渡河のための道具がたりなかった。

七、空軍の支援が不適切だった。

八、前線部隊に派遣されていた（共産党の）指導員は、現代戦に対する理解が不足していた。また兵器はすでに旧式化していた。

九、補給は理想というにはほど遠く、車両も不足。人力による輸送に頼らざるを得なかった。

一〇、部隊には山岳、森林地帯の訓練が明らかに足りなかった。

＊

中国人民解放軍が出版した資料でありながら、驚くべき〝失敗の連鎖〟である。

歩兵、砲兵、機甲部隊の連係のまずさに始まり、補給能力の不足、医療体制の不備、情報収集力の欠除まで、まさに目をおおうばかりと言ってよい。

さらにのべ九四八機が参加、五五〇一回出撃したミグM i G19、21、強撃5型戦闘爆撃機を中心とした航空部隊も、これといった戦果もないまま数機が失われている。

これでは、朝鮮戦争で活躍した人民解放軍も形無しというべきであろう。

しかし、ここからが旧日本陸軍と大きく異なった。

これまでの社会主義国の慣例を破り、自軍の弱点をすべて公表することによって、近代化へ向けての脱皮を試みたのである。

人民解放軍の戦闘力が、ベトナム軍と比べ明らかに低かったと知ったあとの立て直しは素早かった。

兵員数のみ多かった歩兵部隊からなんと一〇〇万人を削減、大量の輸送車両を導入して機動力の向上をはかった。

さらに年齢の高い将校を退役させ、砲兵、戦車を中心とした軍隊を目指す。

もちろんすべてとは言い難いが、中越戦争の様相から中国軍は多くの教訓を得、より強い軍隊への変身をはかろうとしている。

かえってわが国の陸上自衛隊の方が、慢性的な車両の不足、保有兵器の多様化に悩んでいるように思えるのである。

これらの事実から、失敗もそれを教訓とするだけの意欲と能力がありさえすれば、決して

	中国軍	ベトナム軍
戦死者数	二・六万人	三・〇万人
負傷者数	三・七万人	三・二万人
獲得捕虜数	一六〇〇人	二六〇人
戦車の損失	二八二台	一八五台
車両の損失	四九〇台	一二〇台
火砲の損失	六九〇門	二〇〇門
銃器の損失	一三一〇梃	四一〇〇梃

無駄とはいえないのである。

この点から、現代の人民解放軍は、旧日本陸軍よりはるかに柔軟性を有する軍隊と見られるが、これは果たして正しいのであろうか。

また日本の陸上自衛隊こそ、中越戦争におけるベトナム人民軍の戦いぶりを研究すべきと思うのだが、実際は不明のままのようである。

またベトナム軍に加わっていた、ソ連軍人顧問の戦死者が六〇名出ている。

これらの数字は『中越戦争記実録／解放軍文化出版社（二〇〇四年一二月出版）』によっている。

本書は、中国国内の大手書店にいきさえすれば、日本人であっても入手可能である。

汲み取るべき教訓

かつて旧ソ連、中国に代表される社会／共産主義国家は、戦前の大日本帝国と同様、あらゆる情報を隠すことに戦々兢々《せんせんきようきよう》としてきた。

とくに軍事に関する情報となると、異常なほど隠し通そうとした。

自軍の戦果については大々的に発表するのだが、損害、損失となると口を噤《つぐ》み、「我が軍も少なからぬ犠牲を出した」というような表現にとどめるのである。

これでは国民の、自国の報道に対する信頼は醸成《じょうせい》されず、疑心暗鬼が深まるばかりと言ってよい。

しかしここ一〇年ほどの間に、その典型的国家であった中国が大きく変わった。自軍の弱味、欠点、短所といったものを、隠さず発表しはじめたのである。まだ完全とは言い難いが、これこそ真に強い軍隊を育てるための、重要な柱のひとつであることを、我々は知るべきなのであった。

〝アッツ島沖〟の遠すぎた敵

日米の軍艦のみによる最後の華々しい昼間砲撃戦となった「アッツ島沖海戦」は、戦闘距離が遠すぎたため、発射弾数が多いわりにあたえた損害はかすり傷程度にすぎなかった!

優勢だった日本艦隊

広大な海域で、昼間に勃発し、航空機、潜水艦の介入なしに行なわれた史上最後の海戦としてはどれを挙げるべきだろう。

もちろん、これには複数の艦艇が参加し、艦載砲を主体に闘われた、という条件が付く。この答えは、研究者によって多少異なるかも知れないが、一般的には、アッツ島沖海戦(日本側呼称)/コマンドルスキー諸島沖海戦(アメリカ側の呼称)とされている。

北太平洋カムチャツカ半島の東側には、アリューシャン列島が連なっているが、それらは

軽巡多摩の凍りついた前甲板、右は14センチ砲

西からコマンドルスキー、アッツ、キスカ、アムチトカ諸島などである。

太平洋戦争の戦史を繙《ひもと》けば、これらの島々における戦闘が易々と脳裡に浮かぶ。

日本軍は昭和一七年六月、ミッドウェー島攻略作戦の陽動を主な目的に、この海域に進出し、アメリカの領土であるキスカ、アッツ両島を占領した。

それから約半年、ガダルカナル島をめぐる攻防戦の勝利を確信したアメリカ軍は、両島の奪回を目指して動きはじめる。

まずキスカのすぐ東側のアムチトカ島に基地と滑走路を建設、数十機の航空機を送り込むのに合わせて、中規模の艦隊を配備した。

これはタスク・グループTG16－6（指揮官C・H・マックモリス少将）であった。その編成は、

重巡洋艦ソルトレーク・シティ（排水量九八〇〇トン、八インチ砲一〇門）

軽巡洋艦リッチモンド(排水量七〇五〇トン、六インチ砲一〇門)
駆逐艦コグラン、モナガン、デール、ベーレーの四隻
となっている。
本来ならより強力な艦隊を用意したいところだが、アメリカ海軍の巡洋艦部隊は、ソロモンをめぐる戦闘で大損害を出しており、これが精いっぱいといったところであった。
一方、日本側はこの時点でアッツ、キスカ両島の維持を決めており、必死の補給を続けていた。
担当するのは、
第五艦隊(指揮官細萱戊子郎中将)
重巡洋艦・那智、摩耶(共に排水量一万トン、八インチ砲一〇門)
軽巡洋艦・多摩、阿武隈(共に排水量五五〇〇トン、五・五インチ砲七門)
駆逐艦・雷、電、若葉、初霜の四隻
である。
つまり駆逐艦はたがいに四隻ずつ、重巡、軽巡は共に日本の二隻に対して、アメリカ側は各一隻であった。
したがって戦力としては、日本側が圧倒的に優勢といえる。

遠距離砲戦で命中弾なし

昭和一八年三月二二日、日本艦隊は輸送船「浅香丸」「崎戸丸」と共に出港したが、二七日午後三時、コマンドルスキー島沖合でアメリカ艦隊と遭遇、海戦が始まる。
早々と輸送船を退避させたあと、細萱司令官は砲撃開始を命じた。
この時、両軍の距離は約二万メートルであった。
冬場は荒れるこの海域ながら、当日は全く平穏。波浪、風ともなく、視界はきわめて良かった。
こうして合わせると、
三〇門の八インチ砲
一〇門の六インチ砲
一四門の五・五インチ砲
が、春の気配のようやく見えはじめた北の海の空気を揺るがしたのである。
駆逐艦八隻の備砲は、砲戦距離が遠すぎて介入できないままであった。
いったん砲戦がはじまると、日本側四隻、アメリカ側二隻の巡洋艦は、思う存分それぞれの主砲を射ちまくった。
前述のごとく航空機、潜水艦の関与のない白昼の戦闘であるから、鍛えに鍛えた日本海軍の水上艦部隊の独壇場である。
この日のために『月月火水木金金』の猛訓練に耐えてきたとも言い得る。
しかも日本艦隊の戦力は、アメリカの二倍であって、ここで勝利を握れば三ヵ月前の、ガダルカナル敗退の屈辱をはね返すことにもなる。

中心となる那智、摩耶は、持てる二〇門の八インチ砲を連続的に発射しながら、一挙に劣勢のTG16部隊を撃破するように思われた。

しかし——。現実は全く異なる。

重巡二隻はただただ延々と長距離砲戦を続けるばかりで、一向に敵との距離をつめようとはしなかった。

さらに二隻の軽巡、四隻の駆逐艦にいたっては、たんに重巡に追従しているだけである。

最初から最後まで二〇キロという距離は、全く縮まらず、このため命中弾は皆無、砲弾の数だけが確実に減少していく。

戦闘開始から一時間半後、日本艦隊は敵の隊列に向けて合わせて四二本の魚雷を発射したが、これもまた命中なしという有様である。

さらに日本側の醜態は続く。

那智においては、砲撃目標と測距目標が喰い違うという信じられない失態が見られた。

当たり前であるが、これでは砲弾は絶対に命中するはずがない。

この誤りに気付いたあと、弾着は多少正確になり、旗艦ソルトレーク・シティに至近弾を得る。

弾片により同艦の艦首付近に浸水が生じ、速力が低下しはじめた。

また別の砲弾はレーダーシステムを破壊すると共に、乗組員二九名を死傷させている。

重巡那智、摩耶の砲撃をあびた米重巡ソルトレーク・シティ

ソルトレーク・シティの速力は一時的ながら二〇ノットまで低下し、アメリカ艦隊に危機がおとずれた。

すぐさま駆逐艦群は煙幕を展開、なんとか旗艦を守ろうとするなか、軽巡リッチモンドは必死の反撃を続ける。

二五〇〇発の無駄弾

ようやく日本側に、待ちに待った敵撃滅の機会がやってきたのである。

少なくともこの時点で、勝利の女神が微笑んだことに間違いはなかった。

ところが細萱司令官の決断は、砲弾減少、ならびに敵航空機の介入の可能性大とし、戦闘中止というものであった。大魚を釣り上げようとした直前、自ら釣糸を切ってしまったという他はない。

もともと戦力的に劣勢であったアメリカ艦隊の将兵は、安堵の溜息を洩らすと同時に、呆気にとられたと思われる。

敵は明らかに勝ちつつある戦いを簡単に放棄したのだから……。

このようにしてアッツ島沖海戦、というより史上最後の水上艦同士の砲戦は、互いに特筆すべき戦果もほとんどないまま幕を降ろす。

結局、それぞれの被害は
アメリカ側　重巡一、駆逐艦一小破
日本側　　重巡一小破
と互いにかすり傷でしかなかった。

それにしても、両軍ともに恐ろしいほどの砲弾、魚雷を消費した。

この大部分は、海面に水柱を高々と昇らせ、海中の魚たちを驚かせただけに終わっている。

とくに別表のごとく発射された八インチ砲弾は、実に日本側一六一一発、アメリカ側九三二発で合わせると二五〇〇発を超える。

このうち敵艦を直撃したものは皆無と考えられる。

両軍を通じた戦死者は十数名といったところで、これらはすべて至近弾が原因であった。

さらに砲戦距離が最大射程に近かったので、それぞれの砲弾は強装薬で発射される。このため、砲身の寿命も、大幅に短くなってしまった。

平均して八インチ砲一門当たり八五発も発射されているのだから。

また魚雷も日本側四二本、アメリカ側五本が討ち出されているが、命中はゼロであった（リッチモンドの艦底を魚雷が通過したとの証言があり、魚雷の調定深度がもう少し浅ければ轟沈していた可能性もある）。

アッツ島沖海戦での各艦発射弾数

	8インチ	6インチ	5.5インチ	5インチ	3インチ	魚雷	死傷者
重巡　那智	707発			276		16本	
摩耶	904			9		8	
軽巡　阿武隈			95			4	
多摩			45			4	
駆逐艦 4隻合計				不明		10	
合　計	1611		140			42	
重巡ソルトレーク・シティ	932			102			戦死2名、負傷27名
軽巡リッチモンド		271			24		
駆逐艦 4隻合計				2297		5	戦死5名、負傷3名

もちろん装備数にも差があるが、発射数から言えば、アメリカ軍が冷静に命中精度を考慮していたといえよう。

もっともアメリカの駆逐艦隊は、五インチ砲を二三〇〇発近くも発射しながら、命中弾はなかったのだから。この点からは褒められたものではない。

いかに訓練を積み、射撃指揮装置の改良を続けようとも、交戦距離が大きければ砲弾、魚雷とも命中精度は大きく低下する。

このことは明治三七年の八月一〇日の海戦や、ちょうど一年前のスラバヤ沖海戦を例に挙げるまでもなく、わかり切っている事実であった。

それにもかかわらず、これといった工夫もないまま砲戦を続け、砲弾を無駄に消費する。

しかも敵の旗艦の速力低下という、絶好の機会をみすみす逃してしまう。

かつて『世界最強の重巡部隊』と国民のあこがれの的であった日本海軍の重巡洋艦の砲撃技術も、また乗組員の闘志もどこへいってしまったのだろうか。

更迭された第五艦隊指揮官

筆者がこの点を鋭く突くには、それなりの理由がある。

もしこのアッツ島沖海戦で、細萱艦隊がアメリカ艦隊に痛打を与えておけば、アリューシャンをめぐるその後の情勢は大きく変わっていた可能性がある。

少なくともアメリカは、この海域における体勢の立て直しを余儀なくされ、とくにアッツ島への侵攻を大幅に遅らせたのではあるまいか。うまくいけば、アッツ島の守備隊を、アメリカ軍の上陸開始以前に撤退させ得たかも知れないのである。

アッツ島はその二ヵ月後に、太平洋戦争最初の玉粋の島となっている。

もともと、アメリカ海軍の巡洋艦戦力は、日本側と大差なく、しかもソロモンの戦いで多くの巡洋艦を失っていた。

シカゴ、クインシー、アストリア、ヴィンセンズ、アトランタ、ジュノー、ノーザンプトンといった艦名がすぐに頭に浮かぶ。

したがってこれにソルトレーク・シティ、リッチモンドの名が加われば、いかにアメリカ海軍と言えども、その衝撃は決して無視できない。

このように考えていくと、重巡三、軽巡三、駆逐艦八隻の参加という、必ずしも大きくなかった海戦の勝敗が、この戦争の行方に多少なりとも影響を与えた可能性が強く示唆されるのである。

日本海軍の水上艦隊が永く望んでいた、海戦そのままの状況下で戦いが始まった。しかも、戦力的には圧倒的でありながら、竜頭蛇尾に終わったのが、このアッツ島沖海戦であった。信賞必罰とはあまり縁のなかった日本海軍上層部も、さすがにこの結果には不満だったとみえ、第五艦隊の指揮官のほとんどを海戦後に更迭している。

しかしその後は、二度とこのような様相の海戦は起こらず、日本海軍の夢は潰えたままであった。

わずかにこの四ヵ月後、成功裡に終わったキスカ島からの撤退が、第五艦隊の不名誉をほんのわずかながら救っている。

このキスカ撤退作戦について、アメリカ側の戦史は、

『太平洋戦争中、日本軍が実施した最後の人道的作戦』

と評価している

それだけにアッツ島沖海戦における勝利が実現していれば、まさに第五艦隊の栄光はより華やかなものとなっていただろう。

軍事技術に関するかぎり、時代はいつの間にか、ミサイル万能となり多数の軍艦が大砲を振りかざして海上を疾駆するような情景は二度と戻ってこない。

だいたい、海戦そのものが世界から消えつつあって、それはまさに望ましいことなのだが、

同時に少々寂しい気がするのも事実である。

(注) アッツ島沖海戦の両軍の被害については資料によって異なる。
一例として、重巡那智に直撃弾五発、死傷四二名、軽巡多摩に直撃弾二発、死傷者なし、となっている。

これが正しいとすると、アメリカ側の損害は重巡ソルトレーク・シティに至近弾三、死傷二九名、駆逐艦ベーレーに至近弾二、死傷八名であるから、砲撃の精度はアメリカ側に軍配が挙がることになろう。

汲み取るべき教訓

戦いにのぞむ軍人の理想のひとつは、敵の攻撃力の範囲外から自軍のみ攻撃を実施可能とするということである。

これはアウト・オブ・レンジ(射程外)アタックと呼ばれる。

しかし現実の問題として、ＩＣＢＭ／大陸間弾道弾などを除いて、なかなか思うとおりにはいかない場合が多い。

このアッツ島沖海戦などその典型で、遠距離から漠然と砲撃を繰り返し、発射した砲弾や魚雷は前述のごとくたんに海中の魚を驚かせただけの体《てい》たらくだった。

ある日本海軍の砲術専門家は、自軍の大口径砲の命中率はアメリカのそれの三倍に達すると述べていたが、この言葉など空しいの一言に尽きる。

やはり戦うときには、危険をおかしてもある程度敵に接近しなければならない事実を、この海戦は明確に教えているのであった。

豪胆美談の危険な裏側

中国大陸でデビューしたばかりの新鋭戦闘機零戦が、敵飛行場に強行着陸して敵機を焼き払うという世界でも例を見ない壮挙があったが、あまりにも無謀な行為ではなかったか！

戦争熱の渦中にいた国民

日露戦争（一九〇四〜五年）のさいにはそれほどでもなかった日本の軍国主義と愛国心の異様な高まりは、日中戦争が本格化した昭和一二（一九三七）年以降、ごく一般的な状況となってしまった。

この方向へ国民を誘導した張本人は間違いなく陸軍であるが、海軍、そして朝日を中心とする新聞界もそれを増長させたのである。

もちろん、一部を除いた政治家もこれに手を貸し、日本という国全体が雪崩《なだれ》を打って戦争に突き進むことになる。

この現象は、国家全体を覆い尽くし、もはや誰にもこれを止められないばかりか、止めようとする人々がほとんど存在しないまでになってしまった。

ともかく、ある中学校の卒業生の一人でも、陸軍士官学校、海軍兵（士官）学校に入学が決まると、町すべての教師たちが歓声を上げるような有様だった。

さらに、前線におもむこうとする陸軍将校の若い妻が、後顧《こうこ》の憂いがないように、という気持ちから自殺する事件まで起きている。

このような事実を知ると、日本の軍人がなんのために闘っているのか、訳がわからなくなってしまうと言っても過言ではない。

軍人として闘わなければならないほとんど唯一の理由は、自分の愛している家族を護るところにあるのだから。それが、夫の出征に当たって妻が自分から死を選ぶなど、当時の我が国以外あり得ない。

ともかく昭和一二年からの数年間、我が国の国民のすべてが、〝戦争熱〟とも呼ぶべき熱狂《フィーバー》の中にあった。

もちろん、自国が戦争の真っ只中にあるとき、その国民はごく普通の感情から、自分の国への思い入れをいっそう強くする。

これはしごく当たり前であって、そうでない方がかえっておかしい。

しかし、太平洋戦争直前の日本では、それが度を越していた。

少しでも冷静に考えれば、昭和一二年以降休むことなく続く中国との戦争が、日本を泥沼へと誘い込んでいる事実に気が付いたはずであった。当時の中国の国土面積は我が国の二〇倍であり、人口は六〜七倍、兵員数でも五倍であったから、全土の占領など夢のまた夢というしかない。長びく戦争は決して豊かとは言えない我が国を、ますます貧しくしていくだけでなく、世界中の非難の矢面に立たせるのである。

それでも軍部と新聞は、国民の熱狂をあおりたて、国家を破滅へと追い込んでいく。

このような状況の中、わずかに軍事技術は相応の発展を遂げつつあった。世界最大の戦艦大和、運動性に関しては無敵とも言える零式艦上戦闘機、そして九三式酸素魚雷に代表されるいくつかの優れた兵器の誕生。

なかでも零戦は、少なくとも一九四一〜二年にあっては、世界でもっとも先進性に富んだ戦闘機であった。

試作、増加試作型の一時期、当時の主力であった九六式艦上戦闘機と比較して、運動性が悪いとの評価もあって放っておかれた。

しかし間もなく、新しい戦術を組み込んだ性能が見直され、昭和一五年の夏の終わりから第一線に配備が開始となった。

そしてこれ以後、約二年間にわたり、この戦闘機は太平洋狭しとばかりに暴れまわることになる。

それでは次に、これに関連して国民的熱狂を背景として行なわれた、空恐ろしいほどの失敗を追っていくことにしよう。

強行着陸した四機の零戦

昭和一四年の末頃から、十二試艦戦と呼ばれていた零戦の本格的試験がはじまった。予想外の高性能が確認され、半年後には臨時の飛行隊が創立、前線に送られてくる機体も日増しに増えてきた。

そのうちの一コ中隊が、ついに横須賀から大村（長崎県）を経由して中国の漢口まで進出している。

そして八月一三日、一三機の零戦が重慶上空で中国軍戦闘機隊を奇襲、味方の損害なしに二十数機を撃墜した。

ここに零戦の強さが、実戦で証明された形となる。

相手の航空機は、国民党空軍のソ連製ポリカルポフE15、およびE16で、決して性能が低いわけではなかったが、零戦には全く太刀打ちできなかった。

さらに日本側操縦士の技量は相手を大きく凌駕しており、それが圧勝につながったと見られる。

その後、零戦隊は、広く中国上空の制空権を確保し、まさに向かうところ敵なしの状況にいたる。

このようなことから、四人のベテランパイロットによって、次に述べる

『慢心からくる最大の愚行』が幕を開く。

昭和一五年一〇月四日、漢口にあった海軍の飛行場を八機の零戦が離陸、前進基地の宜《ぎ》昌《しょう》で燃料を補給したあと、成都上空に侵入した。

この空域には少数のE16が滞空していたが、それらはすぐに零戦の餌食となる。

空中に他の獲物が存在しないことを確認した零戦隊は低空に舞い下り、敵軍の大平寺飛行場を銃撃しはじめた。

ここでは九六艦戦の七・七ミリとちがい、二〇ミリ機銃が大きな威力を発揮したはずである。

上空に中国軍戦闘機の姿は全く見られなくなったので、零戦は飛行場の地表すれすれまで降下し、次々と並んでいる航空機、地上施設を破壊していく。

このため航空機のみならず、車両も兵舎もみるみるうちに炎と煙を吹き出す状況となった。

戦闘は日本側に有利に進み、わずかに対空火器が反撃するのみである。

ベテランパイロット、羽切松雄一空曹

その出来事はこの直後に起こった。

なんと、それまで低空で銃撃を繰り返していた零戦のうちの四機が、フラップと脚を降ろし着陸体勢に入った。

そして四機は先を争うようにして、敵の飛行場の滑走路に着陸したのである。

するとパイロットが、エンジンをかけたままの戦闘機から飛びおり、まだ燃え上がっていない中国軍機に駆け寄った。

その後、手にした拳銃でタンクを射ち貫き、こぼれ出した燃料にマッチとボロきれで火をつける。

四人はこれによって二、三機を炎上させることに成功したようだが、数分後には呆気にとられて見ていた中国軍の反撃が始まる。

小銃、機関銃の射撃を浴びると、あわてて自分の零戦に戻り、なんとか四機すべてが離陸することができた。

これが有名な〝敵飛行場強行着陸〟である。

四人のベテランパイロット(羽切松雄一空曹ら)は、当日の攻撃に当たって、これをあらかじめ計画していた。

数時間後、彼らをふくめた八機の零戦は、一機の損害もなく基地に戻った。

その日の戦果は、空中戦で六機を撃墜、地上で一九機を破壊というものであった。

機密保持に関する杜撰《ずさん》

翌日から日本の新聞各紙は、この敵飛行場強行着陸（攻撃）を大きく報じた。

たしかに、それまで一度として行なわれていなかった勇猛果敢な戦術ではあった。

当時の読売新聞は、

「（前略）。豪胆にも敵飛行場に着陸、唖然《あぜん》たる敵兵を尻目に、マッチをもって――（後略）」

と大々的に記事を載せると共に、この四人と記者との座談会まで企画、紹介している。

この行為について少しでも冷静に考えると、これほど愚かな行為は、世界の戦史にもあるまい。

零戦はこれまで記してきたとおり、ようやく第一線に配備されたばかりの新鋭機中の新鋭機である。

実際、前線に登場してから二ヵ月しかたっていない。

その戦闘機で、戦闘中、敵の飛行場に着陸するなどもってのほかの話であり、他国の場合には実行した本人たち、編隊長はもちろん、基地の司令官まで軍法会議に処せられる可能性がきわめて大である。

万一、一機でも離陸できなかった場合は祖国の最高機密が、敵の手にわたる恐れが充分にあったのだから。

中国側としては、労せずして敵の最新鋭機を入手し調査したあと、自軍の役に立てるばかりではなく、すでに援助してくれているアメリカ、ソ連に送ったはずである。

もちろん、見返りの援助増大の要求を忘れることなく。

羽切一空曹をはじめ四名と四機が無事離陸できたからよかったものの、最悪の事態を考えると、背筋が寒くなるような気さえする。

なにしろ、これは太平洋戦争勃発の一年も前のことなのだから、〝あまりに愚か〟という他はない。

しかしながら日本海軍の現地司令官、連合艦隊司令部、そして軍令部も彼ら四人の行為を賞賛こそすれ、全く非難しておらず、ここに日本の軍隊のなんとも理解し難い態度が浮上する。

海軍に限らず、陸軍も、当時にあって異常なまでに軍事機密の保持に取り組んでいた。

戦艦大和の建造にあたっては、七万トンの船体を数千枚のムシロで覆い隠し、また軍港のすぐ側を列車が走る場合には、海に面するすべての窓に、ブラインドを降ろさせるほどの気の使いようであった。

さらには口径四六センチの主砲を、意図的に四〇センチ砲と呼ばせた。

巷間では、特別高等警察（特高）や憲兵が目を光らせ、少しでも軍事に関し話題を提供する者を見つければ、有無《うむ》を言わさず逮捕した。

ところが最新鋭機を敵の飛行場に着陸させるような、本当の愚行を見逃すばかりではなく、その行為を賞め称えているのである。

大体において、四人のパイロットが敵の真っ只中に降り立ち、拳銃とマッチとボロきれで敵の飛行機に火を付けようなど、まさに滑稽、少々強い表現で言えば漫画でしかない。

言うまでもないが、戦果と呼ぶほどのものは皆無だったはずである。

優秀な零戦のパイロットだった羽切松雄（敬称略）ら四名の中の誰一人がこの、
○戦果など全く期待できない
○最新鋭機を敵にわたす危険がある
という点に気付かなかったのであろうか。

いかに弱体な中国軍相手といえども、なんとも呆れ果てた行為ではある。

好運にもこの折に、零戦は無事に戻っていたから良かったものの、一機でも地上に残されでもしたら、日本海軍はどのような措置をとったのか。

たとえ僚機が銃撃で破壊したとしても、零戦に関するかなりの情報が敵の手にわたったに違いない。

ところで、この優れた戦闘機がほぼ完全な姿で敵の手の入ったのは、昭和一七年六月五日、アリューシャン・アクタン島に不時着した空母龍驤の古賀忠義一等飛行兵曹機が最初であろう。

古賀の零戦はダッチハーバーを攻撃したさい、対空砲の反撃を受け被弾、ダッチハーバー東方のアクタン島に不時着した。

このさいの衝撃により彼は死亡している。

アメリカ海軍は、損傷の少なかった零戦を回収、飛行可能にまで修理した。

アクタン島に不時着した零戦古賀機は米軍の手にわたった

これによって零戦の長所、短所を徹底的に調査することができ、のちの戦いに活かしたのである。

このアクタン島の場合、日本側の小隊長は、上空から観察し、不時着した零戦の破損が小さいことに気がつきながら、銃撃、破壊しないまま現場から飛び去っている。

どうも日本の軍隊は、機密保持を強く主張していたものの、肝心のところでは（表現が強すぎるかも知れないが）明らかに間が抜けている。

この傾向は戦争中はもとより、現在にわたるも延々と続き、戦いぶりはもちろん、外交などについても〝狡猾さに欠ける〟といえないだろうか。

つまり、同じように大陸の真近に位置する島国イギリスとは、大きく異なっているのであった。

人が良い、とする意見もあろうが、別の見方に立てば単純、お人良しということは無能に近い。

正直に言えば筆者自身にも時折、その傾向があるだけになんとも残念なのである。

そしてまた、これも日本人としての特質というべきなのであろうか。

汲み取るべき教訓

すでに述べたごとく、このさいの戦闘で零戦が中国軍に捕獲されたと考えたら、その後はどのような結果を招いただろうか。

これは昭和一五年一〇月、つまり太平洋戦争勃発の一年以上も前のことなのである。

多分、この日出撃したパイロット、あるいは航空部隊の指揮官たちは、重大な処分の対象になったに違いない。

日本海軍が最大の機密としていた戦艦大和の主砲口径よりも、零戦の性能の方がより重要な事実は、誰にでも理解できる。

一方、アメリカ海軍は、新しく開発した対空用の近接信管（VT信管）付砲弾について、実用化してから二年間は決して陸上に向け発射することを許さなかった。

万一、日本軍の手に落ちたら、と考えたためである。

秘密、機密保持に厳しかった日本軍であったが、この敵中着陸の無謀を誰一人とがめなかったとは、とうてい信じ難い。

朝鮮戦争 ふたつの齟齬《そご》

一九五〇年六月、突如三八度線を突破して南へなだれこんだ北朝鮮軍は、韓国軍側を降伏へあと一歩のところまで追いこんだ。しかし北の予想に反して国連が大軍を投入し、反撃に転じた！

双方がおかした予測ミス

もはやかなり遠い過去になりつつあるが、すぐとなりの朝鮮／韓半島で一〇〇〇日続いた戦争は、我々の記憶の片隅に厳然として残っている。

北朝鮮軍の突然の侵攻にはじまり、史上初の〝国連軍〟による反撃、そして中国軍の大規模介入など、この朝鮮戦争はいくつかの、それまでになかった多くの事実で世界に衝撃をあたえたのであった。

また、別の面からもこの戦争は、非常にまれな状況を呈している。

そのうちのもっとも顕著な部分は、二四〇万人前後の死者を出していながら、戦ったふたつの国が、戦いの後も戦う前と全く同じ体制を維持し続けたことであろうか。

体制ばかりではなく、実質的に国境線および国土面積も全くそのままであり、こうして見ると犠牲になった二四〇万という人命は、ただただ無駄に失われたという他はない。

さて、この朝鮮戦争において、両方の側は同じように戦略的な間違いをおかした。

それは致命的とは言えないものの、共に最終的な目的を果たすことが不可能となった原因として歴史に残ったのである。

ここでは、敵味方が同じように失敗した、「予想、予測とその結果」を取り上げてみよう。

一、北朝鮮軍の予測の誤り

一九五〇年六月二五日、暫定的な国境である北緯三八度線を三ヵ所で突破し、一〇万人の兵員、一五〇台の戦車、五〇機の航空機からなる北朝鮮軍／北軍が、韓国へ侵攻する。

これに対する韓国軍／南軍は八万人の兵員を有していたが、戦車、航空機はほとんど持っていなかった。

したがって戦力から見るかぎり、南軍はとうてい太刀打ちできなかったはずである。

たしかに約一万五〇〇〇名からなる在韓米軍が駐留しており、これが北への強力な抑止力となっていた。

しかしながら、強力なソ連製のT34戦車を先頭にした北軍の勢いは凄まじいものであり、韓国軍はもちろん、米軍さえ押しまくられる有様である。

首都ソウルは開戦後わずか三日にして陥落、政府は必死に南へ、南へと脱出をはかった。

この時点で多分、金日成《キム・イルソン》を首班とする北の首脳は、絶対的な勝利を確信したに違いない。

この裏には、次のような思惑が存在した。

『大兵力を投入し、短期間のうちに南の大部分を占領、支配権を確立すれば、アメリカをはじめとする西側諸国の介入はない』

これを信じて、北は持てる兵力の大部分を一挙に投入したのである。

またこの思惑には、支援してくれる中国およびソ連も同意していたのかも知れない。

北がもっとも恐れていたのは、国際連合、実質的にはアメリカの参戦であった。

これが現実となれば国家の統一、南の〝解放〟は一挙に難しくなる。

それでもなお、「介入はない」との判断がなにより優先されたのである。

戦争勃発から数日間、金日成らは自らの予測に自信を強めたものと思われる。

韓国軍の主力は大きな打撃を被って退却を続けている。

彼らには、多数のT34に対抗し得る兵器が皆無であった。

さらに、頼みとする在韓米軍も状況はあまり変わらなかった。

保有するM24チャーフィー軽戦車はT34より数段弱体で、また本来ならT34を撃破できると言われていたバズーカ砲も全く役に立たないことが明らかになった。

加えて早い時期に、アメリカ陸軍のディーン少将が北軍の捕虜になってしまい、同軍の士気は大きく低下したのである。

北の首脳は早々と、戦争終結後にはただちにアメリカ軍捕虜を釈放すると発表し、これによって参戦を阻止しようと考えた。

ところがアメリカは明確に韓国の防衛を宣言。

日本を後方基地として活用、全力を挙げて反撃を開始する。

幸運なことに、朝鮮半島の一角に釜山《プサン》の町を中心とする堅固な地域が生まれつつあった。

プサンは仁川《インチョン》と共に、この国最大の港湾都市であり、物資の陸揚げには絶好の地ということができる。

ここを拠点にアメリカ、イギリス、オーストラリア、そしてトルコなどからなる国連軍が大挙上陸し、その兵力は八月中旬から一日三〇〇〇名の割で増えていった。

ここにいたり、北が予想していた
『短期決戦に勝利すればアメリカ、国連はこの戦争に介入しない』

という思惑は完全に崩れ去ったのである。

たしかに侵攻の速度は恐るべきものであったが、それでも南の全土を一ヵ月以内に攻略することができなかったため、アメリカ、国連軍の参戦を招いたというしかなかろう。

河を渡った〝赤い大軍〟

二、アメリカの予想の誤り

朝鮮戦争中、烏山で砲撃を行なうアメリカ軍野砲部隊

釜山に造られた橋頭堡の確保がはっきりすると共に、国連軍は画期的な作戦を立案する。北軍の支配下にある首都ソウルの西方五〇キロに位置する、仁川への大上陸である。

半島南部にいる北軍が補給物資の不足に悩んでいる事実を知り、その三〇〇キロ後方に大部隊を上陸させれば、これらを撃破するのは容易であると考えた。

この作戦にはクロマイト（クロム鉱石）という不可思議な名称があたえられ、九月一五日に決行された。

アメリカ、イギリス、オーストラリア、韓国からなる連合軍は、第一波のみを数えても五〇〇〇名、そしてその日のうちに二万名を超す兵員を仁川に上陸させた。

これに対して同地に配備されていた北軍の兵士はわずかに七五〇名のみであったから、戦闘の行方はいうまでもないものとなった。

上陸した国連軍はただちに陸路ソウルへと向かう。

そして韓国の首都は、数日のうちに元の持ち主の手に戻ったのであった。

さらにこの方面の国連軍の兵力は一〇万名を数えるにいたり、戦局は根本からくつがえる。

このクロマイト作戦の成功が伝えられると、釜山橋頭堡から続々と反撃の火の手が上がりはじめ、それらは半島の南にいた北朝鮮にとって、破滅への狼煙《のろし》となった。

当時、一〇万名弱の北軍が韓国領内にいたが、母国へ戻れたのはわずかに三分の一、そして三分の一が撃滅され、残りの三分の一は捕虜として収容所に入ることになる。

世界の歴史を繙《ひもと》いても、このクロマイト作戦ほどみごとに目的を達成した例は多くあるまい。

このあと、国連軍は敗走する北軍を追って三八度線を越え北上を開始する。

金日成のもとには、これといった有力部隊は残っておらず、戦争の決着はついたかに見えた。

そしてついに北の首都ピョンヤンが国連軍の手に落ち、北軍の多くが捕虜となる。

四ヵ月前とは逆に、だれの目にも国連軍の勝利が目前と見えたのである。

しかしながら国連軍首脳の一部は、ある恐れを抱いていた。

それは大河鴨緑江《おうりょくこう》（アフリヨクカウ川）の向こうに位置する、赤い大国の存在であった。

当時の中華人民共和国は生まれたばかりであり、さらに一応の決着は見えているものの、地方では国民政府軍（国府軍）との戦闘が続いていた。

それでもなお友邦である北朝鮮が崩壊寸前となれば、大兵力を持って介入してくる可能性が残っていると考えるべきである。

他方、国連軍総司令官の地位にあったD・マッカーサー元帥は、全く異なった見解を持っていた。

これだけアメリカ軍を中心とする国連軍の力が強大となった今、航空機、大口径砲、戦車といったいわゆる重兵器を持たない中国軍が参戦してくるはずがない。

結局、マッカーサーの意見が大勢を占め、国連軍は北朝鮮の奥深くまで侵入したのであった。

そして一〇月末、彼らは隠密のうちに参戦してきた中国の抗美援朝志願軍によって、猛烈な反撃を受けることになる。

三八度線を越えて北領内に入った国連軍の戦力は、韓国軍一〇万人、国連軍一〇万人といったところである。

国連軍のうち、トルコ、イギリスなど一三ヵ国の軍隊が八〇〇〇名、残りがアメリカ軍と見ればよい。

対する北朝鮮軍は、兵員のみ一五万名を超えたものの、装備は最悪であった。

しかし、鴨緑江を渡ってきた中国軍の兵力は、なんと三〇万名を超えていた。

名称こそ〝志願軍〟であるが、中国軍最強と謳われた第四野戦軍を中心とした正規軍である。

これらの中国軍は、このあと一二月まで、連続的な攻勢を仕掛け、国連軍に多大な損害を強要する。

彼らの戦術は、迫撃砲による事前砲撃と大人数を頼りとした接近戦であった。のちに〝人海戦術〟（ヒューマン・ウェーブ・アタック）と呼ばれることになるが、ともかく人的消耗を気にかけない戦いである。

戦場が入り組んだ山あいという状況もあり、国連軍は思いもかけぬ損害を出す。

その矢面に立ったのがアメリカ海兵隊で、彼らもまた〝最強〟を自認していたが、一日当たり一〇〇〇名近い死傷者を記録している。

中国軍の大規模介入はない、と予想していたアメリカ軍首脳は、一一～一二月の間、眠れぬ夜をすごしていたに違いない。

もしかすると中核戦力である海兵隊二万五〇〇〇名が、全滅するかも知れなかったのであるから……。

アメリカ空軍、海軍航空部隊は味方の危機を救うべく、連日一〇〇〇機以上を出撃させ、中国軍を叩き続けた。

また海軍の戦艦、巡洋艦は沿岸すれすれまで接近し、艦砲射撃により掩護した。

これらの反撃がようやく効を奏し、国連軍の将兵は半島東海岸の元山《ウォンサン》港から脱出に成功したのである。

そして同軍は三八度戦付近に防衛線を再構築し、中国軍を阻止するのに成功する。

指導者におとがめなし

さて、このように朝鮮戦争においては、両軍の最高指導者の予想、予測はことごとく誤っていた。

とくに著しかったのは、民主主義の側である。

なかでもマッカーサーの責任は充分に大きい。太平洋戦争緒戦における、部下を見捨てのフィリピン脱出は論外としても、次のふたつの事実から彼の戦略家としての資質には少なからず疑問が浮上する。

まず、戦争勃発の直前になっても北の侵攻はなしと考えていたこと、続いて北領内に入っても、中国は参戦しないと予測していたことなど、間違いの連鎖であったと言える。

このどちらもが、韓国の人々に大きな犠牲をもたらしてしまったのである。

この点からは、韓国の指導者李承晩《イ・スンマン》の主張した、北と中国の脅威論がみごとに的を射ていたことになる。

彼は早くから韓国の軍事力、防衛力の強化を訴え続けていたが、アメリカ政府はこれをほとんど無視していた。

一方、アメリカの反撃を算定に入れていなかった金日成をはじめとする北の指導者もまた、大きな過ちをおかしている。

主義、主張を優先し、かつ勝手な思い込みから〝南の解放〟に乗り出し、その結果自国を

共産軍側の捕虜となった国連軍兵士たち

荒廃させたばかりではなく、南北の民間人に二〇〇万人以上の死者を生じさせたのである。

先にもふれたが、朝鮮戦争こそ何の意味もなく一〇〇〇日も続き、戦前の状態と変わらず休戦を迎えた、まさに悲劇の戦争であった。

しかも仕掛けた側の指導者たちは、全く責任を問われることもなく天寿を全うしている。

この事実を知るかぎり、歴史の残酷さを思い知らされる気がする。

したがって、このような悲劇に巻き込まれない知恵を、国民の一人ひとりが学ぶべきなのであろう。

残念ながら現代の日本の教育を見ると、このような歴史に関しては全く教えていない。

国も教師も、戦争については、

「触らぬ神に祟《たたり》なし」

の態度をとり続けている。

もっとも重要なのは、歴史の事実とその中に生ずる残酷さを教えることだと思うのだが。

これについて最高の教材は『朝鮮戦争とそのさいの指導者の判断の誤り』なのである。

汲み取るべき教訓

戦争ほど錯誤、誤り、予想、推測のはずれといったものが明確な形で表われる事柄も少ないだろう。

とくに一九五〇～五三年の朝鮮戦争については、それがあまりにはっきりしていて、少々滑稽に思えるほどである。

とくにいまだに高い評価を受けているマッカーサーに関しても、その功罪は著しい。

これは一体、どうしたことであろうか。

一口で言えば、他の分野と同様に、万能な人間は存在しない、という実例である。

一度、大成功をおさめた人物について、世間はその判断を全面的に信じたくなるもののようで、これは最初のうち全く血を流さずに領土拡大に成功したA・ヒトラーも同様と言えよう。

こうなると学ぶべき教訓は、その人物を中心としながらも、すべてを信じるのではなく、彼の意見を参考にしながらの合議制がベストと言えるかも知れない。

単行本　平成十七年九月「〝戦場〟における小失敗の研究」改題　エイチアンドアイ刊

おわりに

ここ数十年、著者は戦争、戦闘などにおける〝小失敗〟について、強い関心を持ち、それらを活字という媒体を通じて世に問うている。

その結果として上梓した『日本軍の小失敗の研究』に代表される〝小失敗〟シリーズは、幸いにも多くの読者の支持と共感を得ることができた。

この分野では、それが小失敗なのか大失敗なのか判断に迷う事例も少なくないが、やはり人間という生き物は〝失敗〟という事実に少なからず興味と関心を持つものらしい。

とくに軍事に関して言えば、充分な訓練を受けた兵士たちが、優秀な指揮官の立案した作戦に従い、また豊富な後方支援を受けて行動しながら、結果として目的の達成に失敗することも珍しくない。

このあたり、最強を誇るアメリカやロシアの軍隊が、練度も低く、装備も貧弱な勢力によって打撃を受ける状況など、言葉は良くないが、筆者の知的関心を強く刺激するのである。

例えば中東のイラクをめぐる紛争では、二度の大規模戦争（一九九一年の湾岸、二〇〇三年のイラク戦争／第二次湾岸戦争）における死傷者よりも、勝利宣言がなされた以後これまでの戦闘で死亡した兵士の数は、実に一〇倍を超えているのである。これはやはり、アメリカという超大国の失敗以外の何ものでもない。

本書ではこのような事例を、可能な限り集めている。ただし前記のごとく小失敗か大失敗かの判断の基準が明確にできず、この点では読者にお任せしたい項目もあることをあらかじめお詫びしておく。

現在でも世界では小規模な紛争、戦闘が絶えず、そこでは無数の失敗が存在する。

著者同様、読者諸兄もこれらについては強い関心を抱いているはずであるので、今後とも目を離さず、資料、情報を得、状況と事実を明らかにしていきたい。

最後に快く文庫化を了承していただいたH&I社、ならびに文庫の出版にご尽力いただいた潮書房光人新社にお礼を申し上げる。

二〇一九年一月

三野正洋

NF文庫

戦場における小失敗の研究

二〇一九年三月二十二日　第一刷発行
著　者　三野正洋
発行者　皆川豪志
発行所　株式会社　潮書房光人新社
〒100-8077　東京都千代田区大手町一-七-二
電話／〇三-六二八一-九八九一㈹
印刷・製本　凸版印刷株式会社
定価はカバーに表示してあります
乱丁・落丁のものはお取りかえ
致します。本文は中性紙を使用

ISBN978-4-7698-3109-9　C0195
http://www.kojinsha.co.jp

NF文庫

刊行のことば

第二次世界大戦の戦火が熄《や》んで五〇年——その間、小社は夥しい数の戦争の記録を渉猟し、発掘し、常に公正なる立場を貫いて書誌とし、大方の絶讃を博して今日に及ぶが、その源は、散華された世代への熱き思い入れであり、同時に、その記録を誌して平和の礎とし、後世に伝えんとするにある。

小社の出版物は、戦記、伝記、文学、エッセイ、写真集、その他、すでに一、〇〇〇点を越え、加えて戦後五〇年になんなんとするを契機として、「光人社NF（ノンフィクション）文庫」を創刊して、読者諸賢の熱烈要望におこたえする次第である。人生のバイブルとして、心弱きときの活性の糧《かて》として、散華の世代からの感動の肉声に、あなたもぜひ、耳を傾けて下さい。

＊潮書房光人新社が贈る勇気と感動を伝える人生のバイブル＊

NF文庫

海軍ダメージ・コントロールの戦い
雨倉孝之
損傷した艦艇の乗組員たちは、いかに早くその復旧作業に着手したのか。打たれ強い軍艦の沈没させないためのノウハウを描く。

ゼロ戦の栄光と凋落　高性能にこだわり過ぎた戦闘機の運命
碇　義朗
日本がつくりだした傑作艦上戦闘機を九六艦戦から掘り起こし、証言と資料を駆使して、最強と呼ばれたその生涯をふりかえる。

特攻隊長のアルバム　B29に体当たりせよ「屠龍」制空隊の記録
白石　良
帝都防衛のために、生命をかけて戦い続けた若者たちの苛烈なる日々――一五〇点の写真と日記で綴る陸軍航空特攻隊員の記録。

新人女性自衛官物語　陸上自衛隊に入隊した18歳の奮闘記
シロハト桜
一八歳の〝ちびっこ〟女子が放り込まれた想定外の別世界。タカラヅカも真っ青の男前班長の下、新人自衛官の猛訓練が始まる。

フォッケウルフ戦闘機　ドイツ空軍の最強ファイター
鈴木五郎
ドイツ航空技術のトップに登りつめた反骨の名機Fw190の全てとともに異色の航空機会社フォッケウルフ社の苦難の道をたどる。

写真　太平洋戦争　全10巻〈全巻完結〉
「丸」編集部編
日米の戦闘を綴る激動の写真昭和史――雑誌「丸」が四十数年にわたって収集した極秘フィルムで構築した太平洋戦争の全記録。